徐伟　朱珍华———— 著

建筑设计手绘基础教程

化学工业出版社

·北京·

内容简介

建筑设计手绘是一门理论与实践密切结合的课程，重点培养学生对形体和空间的感受能力，以及手绘表达能力、眼脑手的协调能力。本书主要包含建筑设计手绘基础知识、表现技法、设计思维三部分内容，由浅入深、循循渐进，帮助读者打好手绘基本功，并提升设计表达能力和设计思维。

本书内容翔实、层次清晰、图文并茂、针对性强，适合作为高等院校建筑学、城乡规划、环境艺术设计、室内设计及其他相关专业的教材，亦可供相关专业从业人员和业余手绘爱好者自学参考。

图书在版编目（CIP）数据

建筑设计手绘基础教程 / 徐伟，朱珍华著. -- 北京：
化学工业出版社，2024.3
ISBN 978-7-122-45104-0

Ⅰ. ①建… Ⅱ. ①徐… ②朱… Ⅲ. ①建筑设计－绘
画技法－教材 Ⅳ. ①TU204-11

中国国家版本馆 CIP 数据核字（2024）第 036940 号

责任编辑：刘晓婷　　林　俐　　　　　　文字编辑：刘晓婷
责任校对：李雨函　　　　　　　　　　　装帧设计：对白设计

出版发行：化学工业出版社（北京市东城区青年湖南街 13 号　邮政编码 100011）
印　　装：中煤（北京）印务有限公司
787mm×1092mm　1/16　印张 9　字数 210 千字　2024 年 5 月北京第 1 版第 1 次印刷

购书咨询：010-64518888　　　　　　售后服务：010-64518899
网　　址：http://www.cip.com.cn

前言
Preface

　　党的二十大报告中指出，要努力实施城市更新行动，打造宜居、韧性、智慧城市。这是以习近平同志为核心的党中央深刻把握城市发展规律，对新时代新阶段城市工作作出的重大战略部署。改革开放以来，我国经济快速发展，建筑与其他设计行业也得以发展与变革。在电脑普及之前，设计院都是人工手绘制图，从设计图到效果图、施工图都是手绘，并形成了一套系统的方法与表现技法。随着电脑的出现，很多工种都被电脑取代，Auto CAD等软件可以更精准地表达施工图纸，3ds Max、SketchUp、Rhino等软件可以更直观地表达设计效果。电脑给我们带来便利的同时，手绘在设计过程中的重要性逐渐被忽视。

　　作为设计从业人员应当认识到，手绘是设计语言的一部分，它能将我们稍纵即逝的灵感和构思快速地以图画的形式表现出来，将我们丰富的形象思维或抽象思维迅速地诉诸笔端表现为可视图像，充分表达设计意图，成为我们与同学、老师、同事、甲方及施工者沟通设计方案的重要载体。优秀的手绘建筑画所传递的情怀、神韵、底蕴，以及画面的无限魅力都非电脑效果图所能企及。

　　本书主要分为三个部分：基础部分、提高部分、创作部分，整个过程由简到难、由浅至深、循序渐进，并注重学习内容的"可持续发展"原则，主张理论与设计实践相结合，做到学有所成、学有所用。书中基础部分和提高部分以钢笔、马克笔、彩铅、水墨等多种工具为表现媒介，以快速、高效的表现技巧为核心，通过大量绘图案例的步骤解析，力求系统而完整地剖析建筑画的创作过程，让读者逐渐掌握表现技巧，并熟练应用。创作部分则重点展示手绘的创造性，手绘学习的目的是更好地进行创作，为设计服务。

最后，给手绘学习者提几点建议：一是从基础入手，从简单的点、线、面切入，循序渐进地学习和提升手绘；二是明确学习目的，即手绘是为设计服务，手绘的最大作用是能够快速捕捉稍纵即逝的设计灵感或设计构思，要学会"用手绘来思考、用手绘来表达"；三是进行系统性的专业学习，从用手绘"表达真实图像"的观念转变成"进行创造性的思维"，找到属于自己的"快速、高效、放松"的手绘态度与表现风格。

目录

Contents

第一章

建筑画
基础训练

在建筑画中，点、线、面的训练在于研究和掌握物体的具体形象，形象是造型艺术的基本语言和构架。抽象派画家康定斯基曾说过："点、线、面是造型艺术表现最基本的语言和单位，具有符号和图形特征，能表达不同的性格和丰富的内涵，它抽象的形态赋予艺术内在的本质及超凡的精神。"

对于刚刚接触建筑画的人来说，往往会由于缺乏对客观对象的认识和理解，对物体的形象特征、结构和内部联系掌握不足，导致缺乏整体观念，喜欢钻入局部。针对这种情况，需养成整体构想的观念，正确地了解物体的内部结构，通过点、线、面逐步深入。这样的基础训练有利于培养耐心，提升分析能力、整体观察能力和空间想象能力等基本素质。素描能力的培养和提升，除了艺术的思维外，关键是点、线、面等画面构成元素的熟练应用。

1.1 点

点是构成画面最基本的元素，作为具体形象的点，可用各种工具表现出来。点具有不同大小的面积或体积。不同大小、位置、形状、方向的点可以使人产生不同的视觉感受。例如在高空中俯视街道上的行人，便有"点"的感觉，而当回到地面后，"点"的感觉就消失了。不同轻重、大小的点在画面中排列、组合可以形成不同的视觉效果，一方面点具有很强的向心性，能形成视觉的焦点和画面的中心，显示出积极的一面；另一方面点也能使画面空间呈现涣散、杂乱的状态，显示出消极的一面，这也是点在具体运用时需要注意的问题。

点的造型意义是由它的形态、性质决定的。点通过有序的排列、组合、重叠、集群等可以形成线或面，进而能够定义轮廓、层次、虚实、远近，以及表现画面黑白灰效果（图1-1～1-4）。点的形状的差异，也会产生特殊的表现效果。当点排列稀疏或密集，会直接关系造型效果的虚淡迷蒙或厚重凸显。点还能用来刻画纹理和细节，产生渐变效果（图1-5）。

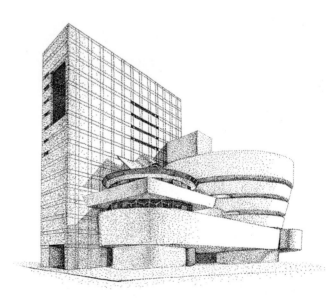

图1-1 用点定义轮廓和明暗

图1-2 用点表达层次和虚实

图1-4 用点的疏密排列表达光影

图1-3 用点表达远景和近景

图1-5 用点刻画纹理细节

1.2 线

　　线条是构成画面的基本单位，在画面中起着决定性的作用。最常见的线条有直线、曲线、不规则线等。直线用以表现水平线、垂直线和斜线等。曲线用以表现不同弧度的圆弧、圆形等，表现时应讲究流畅性。线条依靠一定的排列顺序，通过长短、粗细、疏密、曲直等来表现。

　　线在绘画作品中有着极为重要的作用，能影响人的心理感受。水平线给人平静、沉稳、舒展的感觉，垂直线给人挺拔、刚毅、庄严的感觉，曲线则给人灵动、自由、飘逸、欢快、愉悦的感觉。不同粗细的线能表现出空间关系，比如粗线给人的感觉是距离较近且强硬，细线则让人感觉距离较远且柔和。

　　线条的大量练习是掌握快速表现的基础。看似简单的线条，其实千变万化，线条的表现包括线条的快慢、虚实、轻重、曲直等。线条要画出美感、画出生命力，需要进行大量的练习。同一粗细或不同粗细线条的疏密组合、黑白搭配，使画面产生虚实、对比等艺术效果。线条的描绘、排列、组合得当与否，直接影响画面的成败。

　　一般来说，线条的表现有工具和徒手两种画法。借助直尺工具表现的线条比较规范，可以弥补徒手画线的不工整，但有时显得呆板，缺乏个性（图1-6）。

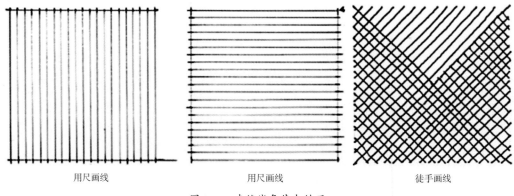

用尺画线　　　　　　　　　　用尺画线　　　　　　　　　　徒手画线

图1-6　建筑线条基本练习

　　钢笔画中的线条在用笔时要求受力均匀，线条的粗细保持一致，靠线条的抑扬顿挫界定建筑的形象与结构，是一种高度概括的抽象手法。练习线条时，需要掌握正确的身体姿势握笔方法，视线应与台面保持垂直状态，以手臂带动手腕用力，有时候也可以站起来摆动手臂拉大长线。

1.2.1　线条的性格

　　线条是钢笔画中最重要的元素，其粗细、快慢、虚实、轻重、顿挫等特点给观者以不同的心理感受，线条所呈现出来的感受可称之为线条的性格，如硬朗、理性、稳健、自由、和缓等。作画时可以根据描绘对象灵活使用。

　　表达山石时主要选择硬朗的线条。在处理石头亮面时运笔较快，表现石头的硬朗、坚硬；处理石头暗面时运笔可适当放慢，线条较粗较重，增强顿挫，表达石头的厚重感；处理石头的边角时，为表达锐利感，用笔可硬朗随意一些（图1-7）。

　　表达草时要表现出草的柔软、有弹性和韧性的特点。作画时从草根部起笔，线条由重到轻；至叶片中间时弯曲下压，并改用轻柔的弧线；至草尖处，为表达枯萎蜷缩，可用顿笔，意连笔不连。另外，表达嫩草时宜气势向上，运笔轻快，纤而不弱、绵而不断（如图1-8）。

图1-7　石头线条

树有老树、新树和小树之分。绘制老树时，因其苍老、树皮斑驳用线需平稳，刻画更多的明暗细节（图1-9）。新树如青年，向上有活力，用线宜轻快有力度。小树枝新长成，极具活力，用线则自由、轻快、随意。

表达布艺如抱枕时，因其材料柔软、有弹性，故用线轻快、停顿，并根据抱枕形状适当地使用弧线（图1-10）。

表达玻璃时，因其质感硬、光滑、锋利，故选用硬朗的线条，需用笔肯定，做到下笔准、稳（图1-11）。

图1-8　草的线条

老树　　　　　　小树

图1-9　树干线条

图1-10　抱枕线条

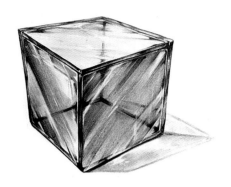

图1-11　玻璃线条

1.2.2　线条的种类

（1）直线

很多物体的形体是由直线构成的，直线在手绘中最常见，所以需熟练掌握直线的绘制方法。直线绘制要干净利落，富有力度感。手绘中的"直"很多时候是感觉上和视觉上的直，不是绝对的直。直线主要有三种表现形式，水平线、垂直线与斜线。水平线给人平和、开阔、稳重之感，产生延伸、舒展的效果；垂直线给人积极向上之感，产生高大、耸立的效果；斜线给人变化不定的感觉，富于动感（图1-12）。

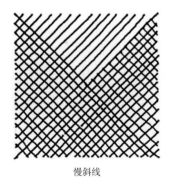

慢横线　　　　　　　　　　　　慢竖线　　　　　　　　　　　　慢斜线

图1-12　直线练习

（2）曲线

曲线既是手绘中较为活跃的表现元素，也是表现过程中的重要技术环节。曲线运用较为广泛，练习时着重熟练掌握手腕的力度与运笔角度。绘制曲线时一定要强调曲线的弹性和张力，运笔一定要果断，要一气呵成，不能出现所谓的"描"的现象（图1-13）。

（3）不规则线

抖线、乱线、折线等都属于不规则线，在表现植物和特殊纹理时应用较多，运笔比较随意，速度偏慢。这种线条在手绘表现中更具表现力和艺术感染力，能给设计者创造较大

图1-13 曲线练习

的思考空间（图1-14）。线往往也是由许多不同方向的短直线连接起来的"折线"。如果折点的棱角比较明显，我们就能判断出是折线；如果折点的棱角不明显，而且有许多这样的折点有规律有节奏地连续下去，我们在视觉上就会认为是一条直线，实则为一条左右摇摆，但摆动幅度不大的折线。还有的看着是一条弧线，实则为一条折点很密且朝同一方向倾斜的折线；还有介于直线和弧线之间的各种折线。

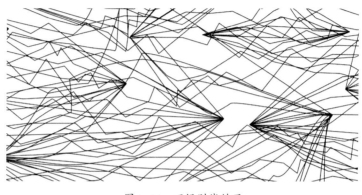

图1-14 不规则线练习

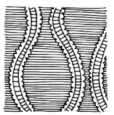

（4）变化线

变化线是指粗细、轻重、方向等都不确定，且随时会发生变化的线条。它能使画面更具立体感和视觉张力，同时也存在不确定性（图1-15）。

图1-15 变化线练习

（5）机械线

机械线是借助尺子工具画出的线条，干净而爽快，快速而精确（图1-16）。

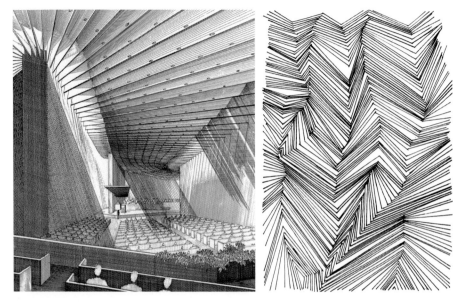

图1-16 机械线练习

1.3 面

面的构成元素是点和线，线的运动轨迹形成面。点和线能连结形成千变万化且具有空间感的面（图1-17）。面在某种情况下可以理解为一根粗线条或是一个放大的点或是一个色块。自然界中面的形状多种多样，或规则或不规则。方形的面周正平稳，没有明显的方向感。三角形的面有很强的稳定感和扩散感。圆形的面，向心力和发散力达到了最好的平衡，所以画面自然舒适，有一种浑然天成的感觉。在圆的任何位置开一个缺口都可以把圆的发散力爆发出来，形成很强的对比感。椭圆形的面，长轴方向上的发散力很强，短轴方向的向心力较强。长方形的面，沿长边水平放置有很强的左右延伸趋向，沿短边水平放置则有很强的上下延伸趋向。不同形状的面给画面带来不同的视觉感受。面的构成是画面构图的重要基础，是舍弃细节、化零为整的一种画面观念。

这里所说的面是绝对的平面，有完整的边界线。我们在日常生活中看到的面往往是"近似平面"，包含着许多不同方向的小面，具有丰富的起伏。绘画过程中，对视觉的概括能力是非常重要的（图1-18）。

面能使所描绘的物体更加完整而统一，是形体主要的造型元素。面的构成形式一般有三种：直线形的面、曲线形的面、直曲形富于变化的面。面的空间位置、形状、大小、角度等不同，决定着物体的具体形体（图1-19）。

图1-17 不同形状的面　　　　　　　图1-18 近似平面

图1-19 不同构成形式的面

1.4 体

体是由若干个面组合而成。面越多形体越复杂，面的形状、大小、多少决定了体的形状，面与体息息相关。任何一种复杂的形体，都可以理解为平面立体和曲面立体之间的体面关系。体是物体空间存在的形式，造型艺术就是要通过形体的描绘塑造艺术形象。

"点是线中的点，线是面中的线，面是体中的面"深刻概括了点、线、面、体作为绘画基本语言辩证统一的关系。只有对这些美术语言熟练运用，才能培养扎实的造型能力、丰富的创造能力、得心应手的表现能力（图1-20）。

图1-20　体块排线练习

思考与练习

本章节学习点、线、面、体的概念和用法，要求学生能快速准确地用点、线、面等元素定义物体。根据所学知识完成以下练习。

①采用点的画法，完成一张"点"的习作，图幅大小A4，题材自定（生活中的水杯、鞋子、书包、手机等均可），需明确表达材质、明暗光影关系、空间虚实关系。

②完成一张图幅大小为A3的线的习作，包括：水平线、垂直线、斜线、曲线、不规则线等线条的练习，注意线条间的组合。

③完成一张图幅大小为A3的几何体习作，注意几何体透视准确。

第二章

建筑画的
透视与构图

2.1 建筑透视图的三种形式

透视图是利用中心投影法进行绘图,形成过程大致如图2-1所示:从投影中心(人的眼睛)向形体引一系列投射线(视线),投射线与投影面的交点组成的图即为形体的透视投影。这种图应用于表现建筑物时,称为建筑透视图。

基本术语和符号

为了更好地说明透视原理,掌握透视投影的作图方法,下面先介绍有关的术语和符号(图2-1)。

基面G:建筑形体所在的地平面。

画面P:透视图所在的平面。

基线GL:基面与画面的交线。

视点E:投影中心,相当于人的眼睛。

站点e:视点在基面上的正投影,相当于人站立的位置。

视平线HL:视点所在水平面与画面的交线。

视距D:视点到画面的距离。

视高H:视点到基面的距离。

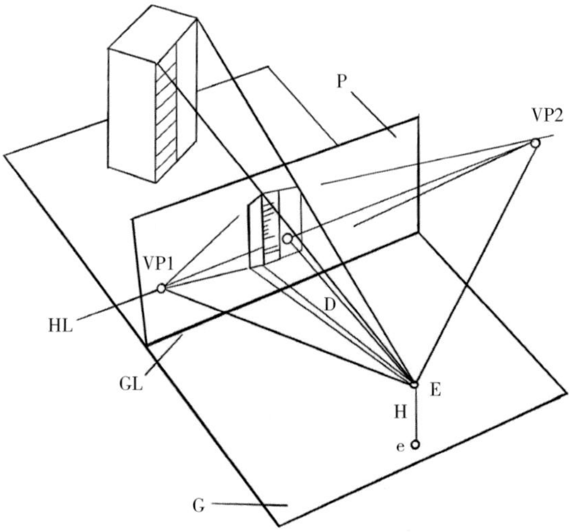

消失点VP1、VP2:两点透视中的两个消失点,或称灭点。

视线:即投射线,视点与形体上任何点的连线。

图2-1 透视原理图

2.1.1 一点透视

当建筑体有一个主立面平行于画面而视点位于画面的前方时,所得的透视称为一点透视或平行透视。在一点透视图中,建筑物轮廓线中有两组与画面平行,因此只有一个消失点。一点透视作图简便,使用范围广,纵深感强,能表现建筑主要立面的正确的比例关系,适合表现建筑物或室内空间的纵深感,但画面比较呆板(图2-2)。

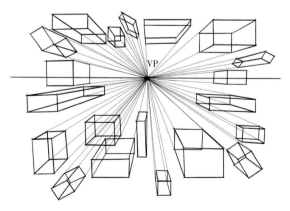

图2-2 一点透视体块练习

2.1.2 两点透视

两点透视中物体仅有铅垂轮廓线与画面平行，而另外两组水平的主向轮廓线均与画面斜交，于是在画面上形成了两个灭点，这两个灭点都在视平线上，这样形成的透视图称为两点透视，也称成角透视（图2-3）。两点透视效果图比较自由、活泼，能比较真实地反映空间。缺点是角度选择不好易产生变形。两点透视是建筑手绘效果图最常用的表达形式，适合绘制高层建筑和表达大空间（图2-4）。

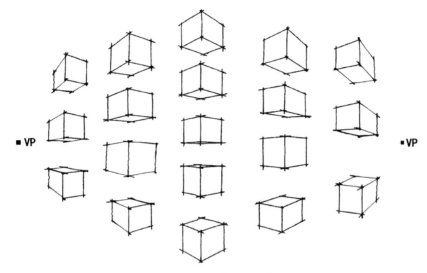

图2-3 两点透视体块练习

图2-4 现代商店两点透视速写图

2.1.3 三点透视

三点透视使用场景有两种：一是物体本身就是倾斜的，如斜坡、瓦房顶、楼梯等；二是物体本身垂直，但是因为过于高大，平视看不到全貌，需要仰视或俯视来观看。因此透视画面与建筑物有了倾斜角度，也称倾斜透视。三点透视实际上就是在两点透视的基础上多加了一个天点或者地点，也叫广角透视（图2-5）。

三点透视多用于超高层建筑的俯瞰图或仰视图。在建筑设计和城市规划设计中经常会用到三点透视的俯视画法，即鸟瞰图（图2-6）。

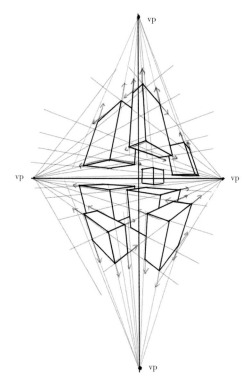

图2-5　三点透视建筑体块原理

图2-6　城市鸟瞰图

2.2 建筑透视图的绘制方法

初学手绘表现时，较难的是从平面图到效果图的转化。在前期练习时，可以采用一些辅助方法。增强空间感和尺度感。

2.2.1 一点透视画法（图2-7）

步骤1：观察。确定画面的建筑主体，考虑前后虚实关系。

步骤2：构图。在画纸上确定视平线的位置（约在画面1/3处），随后在视平线上确定消失点的位置。确定比例关系，画出建筑的基本几何体块。

步骤3：深化。连接主要的建筑结构和消失点，确定建筑空间的围合立面。其他配景整体概括为几个体块的关系，注意建筑阴影变化关系。

步骤4：深入刻画。深入刻画建筑材质和建筑配景，注意建筑配景和建筑的协调统一。建筑画中的植被用线与建筑用线需有区分，植被可用柔软、随意的曲线表达，建筑常用硬朗、理性的线条表达。建筑和配景视为一个整体，注重光影的统一，线条虚实和素描关系的处理。

步骤1

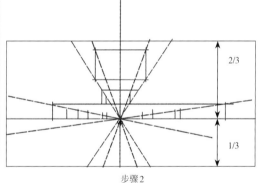

步骤2

步骤3

步骤4

图2-7 一点透视作图过程

2.2.2 两点透视画法（图2-8）

步骤1：观察建筑的高度，确定视平线的高度和大体结构线的倾斜角度，在画面上定下两个消失点。

步骤2：根据建筑结构线连接消失点，画出阳光投影边界线。

步骤3：对材质加以表达，特别是玻璃的透光和反光。对画面整体的投影和黑白灰关系进行着重处理，根据光源的方向刻画投影，近处投影做简化处理，衬托建筑即可。

步骤4：完成配景刻画，注意画面近、中、远景的虚实变化。近处对比强烈，远处简化概括，加深空间的透视感。这一步也要注意整体的明暗关系。

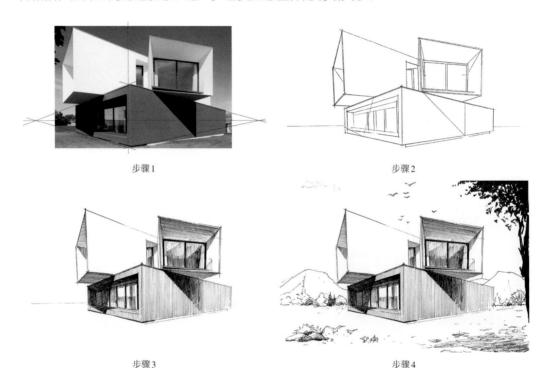

步骤1　　　　　　　　　　　　　　　　　　步骤2

步骤3　　　　　　　　　　　　　　　　　　步骤4

图2-8　两点透视作图过程

建筑透视画法虽然科学，但耗时较长，画面也略显生硬，初学者熟练掌握方法及透视原理后，可根据经验估算透视角度，确定视角，不借助辅助线，直接完成建筑效果图（图2-9）。

图2-9　建筑两点透视手绘图

2.2.3 三点透视画法（图2-10）

步骤1：确定消失点。三点透视建筑效果图中有三个消失点，如下图所示，通常只有一个消失点在画面中，另外两个消失点都在画面以外。绘制时要根据近大远小的透视原理，确定大的体块关系。

步骤2：画出主体建筑周围的环境，注意配景在画面中所占的面积比例要控制好，同时也要注意虚实关系以及线条消失的方向。

步骤3：在线稿的基础上区分明暗关系，特别是暗面与投影的明暗程度。画面要突出建筑主体，虚实变化要得当。

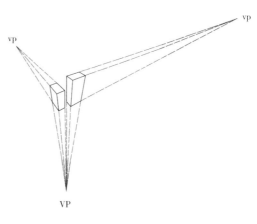

步骤1

步骤2   步骤3

图2-10 三点透视作图过程

2.3 建筑平、立、剖面图

2.3.1 平面图

总平面图是指整个建筑基地的总体布局，具体表达新建建筑的位置、朝向以及周围环境等基本情况（图2-11）。平面图能够反映建筑物的平面布局和平面构成关系。不同楼层的平面图能够反映建筑不同楼层的内部布局，比如地面、门窗的具体位置等情况（图2-12）。

图2-11 游船码头建筑总平面图

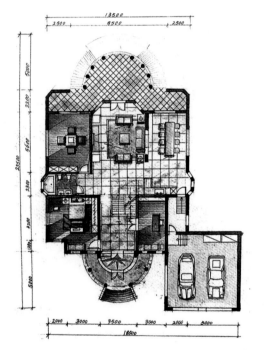 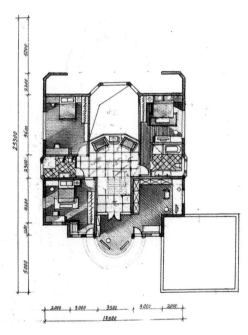

图2-12 手绘建筑各层平面图

2.3.2 立面图

在与建筑物立面平行的投影面上所做的正投影图称为建筑立面图（图2-13），包括东、南、西、北立面图，建筑立面图可以清晰准确地表达建筑各个面的具体形态，包括门、窗的大小、形式、材料，墙体的材料、色彩，建筑的高度及层次关系等（图2-14）。

左立面 右立面

正立面 侧立面

图2-13 手绘单体建筑立面图

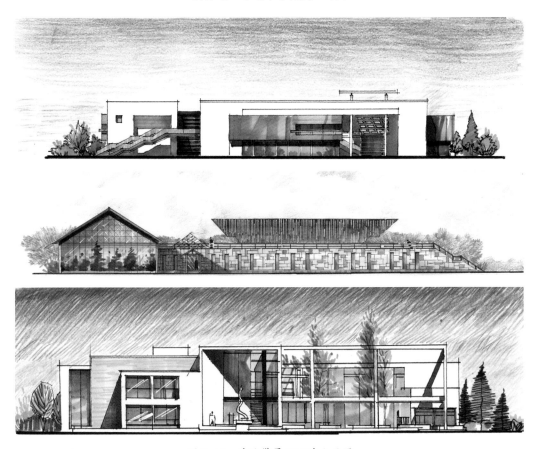

图2-14 手绘带景观环境立面图

2.3.3　剖面图

　　建筑剖面图是指用一个或多个垂直于外墙轴线的剖切面将房屋垂直剖开所得的投影图（图2-15）。剖面图用以表示房屋内部的结构或构造形式、分层情况、所用材料及和各空间的关系等，是与平、立面图相互补充的不可缺少的重要图样之一（图2-16、图2-17）。

图2-15　建筑剖面图马克笔表现形式

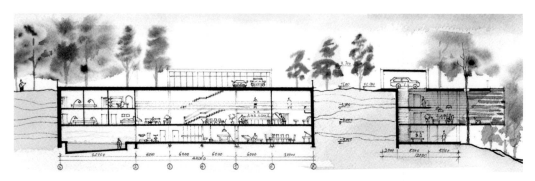

图2-16　两个不同方向的建筑剖面图

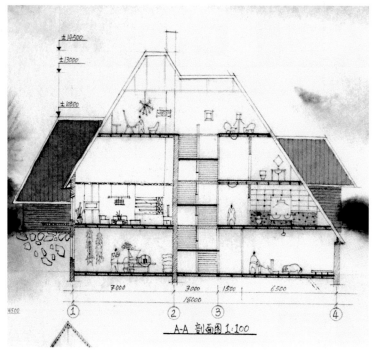

A-A 剖面图1:100

图2-17　建筑剖面图

2.3.4　剖面透视图

剖面主要用来表现建筑内部的结构或构造形式，一般以二维平面的形式呈现。相比透视图，剖面图的立体感稍显不足。通过对内部空间的梁、板、柱的透视表现，剖面图也能表达出丰富的立体空间变化和空间纵深感，有助于我们可以更好地理解建筑内部结构。强烈的明暗对比以及光影变化也会增加作品的立体感。

剖面透视图综合了透视图与剖面图的优势，是建筑方案表达中非常加分的一项表现形式。如图2-18所示，剖面透视图更好地表达了吊脚楼在垂直方向的空间结构。

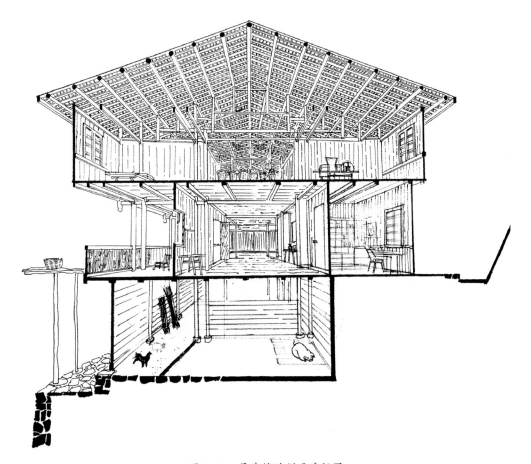

图2-18　吊脚楼的剖面透视图

剖面透视图还可以用来表达建筑内外的空间关系。大多数情况下，外部环境会降低观众对建筑主体的关注。通过剖面图的透视表达增强内外环境的差异性，可以在保证建筑主体不受干扰的情况下表现建筑与环境的关系。

剖面透视图的作用就是让建筑平面"活"起来，让每一个空间都能与其他空间产生联系（图2-19、图2-20），体现出空间的功能属性。

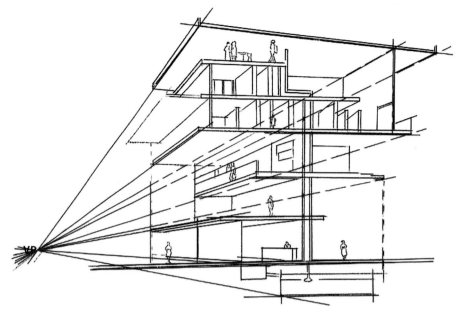

图2-19 一点斜透视剖面透视图

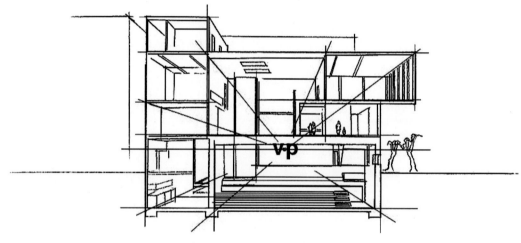

图2-20 一点透视剖面透视图

2.4 轴测图

根据平行投影原理，将物体连同确定该物体的直角坐标系一起，沿不平行于任一坐标平面的方向投射到一个投影面上，所得到的图形称作轴测图。轴测图属于单面平行投影，它能同时反映物体正面、侧面和水平面的形状，因而立体感较强。其绘制步骤如图2-21。

步骤1：在建筑平面图上覆盖较薄的硫酸纸或宣纸，拓画建筑物外轮廓线。

步骤2：选定最有表现性的相邻两面作为重点表现面，以两面形成的交点为定点，将绘制的建筑外轮廓线翻转，使一条边线与水平线形成15°~45°的夹角。

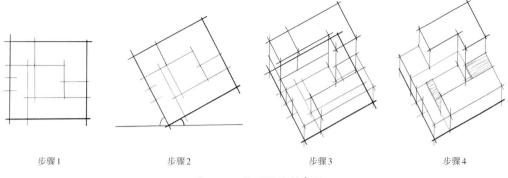

| 步骤1 | 步骤2 | 步骤3 | 步骤4 |

图2-21　轴测图绘制步骤

步骤3：在平面图的基础上，根据建筑物高度与层数绘制出建筑体块。此处注意体量的把握以及轴测图的比例。

步骤4：擦去不必要的辅助线，保留建筑物轮廓线。根据体量的不同，在体块的基础上做加减法，丰富建筑造型。

透视图强调近大远小，高度变化明显，同一高度近处高，远处低，而轴测图没有近大远小的关系，竖直方向高度没有变化，因此图像看起来相对别扭，非人眼或摄影的正常视觉影像，主要用于说明物体的形体特征（图2-22）。

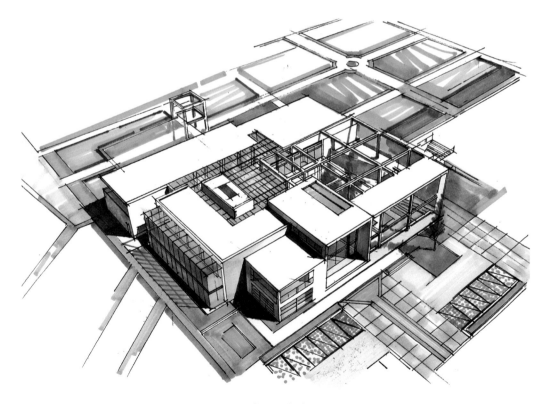

图2-22　建筑方案手绘轴测图

2.5　构图

　　"构图"一词属于造型艺术术语，即绘画时根据题材和主题思想的要求，把要表现的形象适当地组织起来，构成一个协调的、统一的、完整的画面（图2-23）。构图是整个创造性观察过程的一部分，包括视觉筛选、视觉排序和视觉聚焦。我们不仅要知道什么应当被舍弃，还要知道对于那些保留的图像应当怎样处理，如何在画面中排列以突出它们，如何平衡色调和明暗关系，如何从视觉上引导欣赏者走进画面中的意境。成功地解决这些问题，一个和谐的构图就诞生了。这样的构图才能从视觉和情感上连接创作者和欣赏者。

图2-23　不同画面构图带来的视觉效果

构图是一个取舍的过程。审美对于构图至关重要，提升绘画及设计水平先要提高审美。画面构图不仅要注意具体的"实型"形体的平衡，同时还要兼顾画面中的"虚型"空白的平衡。

2.5.1　常用构图形式

构图要符合一定的形式美原则，如均衡、对称、比例、尺度、节奏、韵律、统一、对比等，其中均衡是最基本的（图2-24）。

节奏　　　　　　　　　　　空间　　　　　　　　　　　大小

明暗　　　　　　　　　　色彩构成　　　　　　　　　　均衡

对比　　　　　　拼贴　　　　　　重复　　　　　　韵律

图2-24　构图的形式美原则

在遵循形式美原则的前提下，具体的构图形式是丰富多彩的，常见的构图形式有水平式、垂直式、开放式、H形、三角形、弧形、S形、圆形等（图2-25）。除这些常见构图形式外，也可根据所绘对象灵活处理，但需遵循形式美原则。

在构图时，尽量避免出现以下情况，如图2-26所示。

垂直式构图　　　　　　　　　　开放式构图　　　　　　　　　　圆形构图

H形构图　　　　　　　　　　　S形构图　　　　　　　　　　三角形构图

水平式构图

图2-25　常见的构图方式

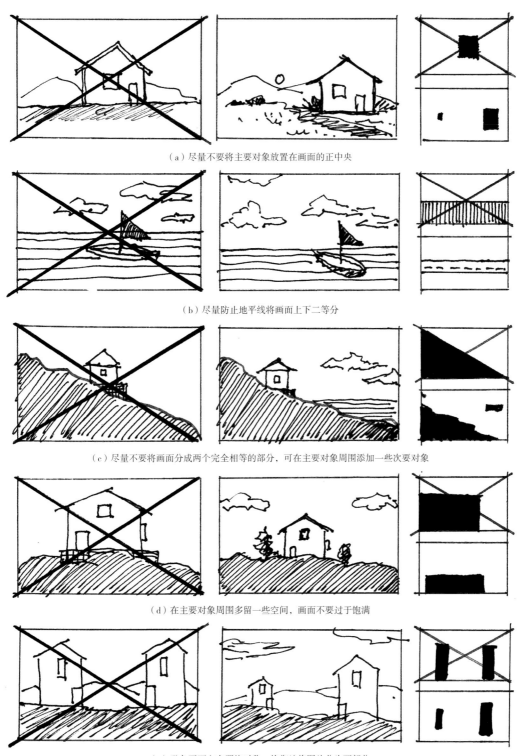

（a）尽量不要将主要对象放置在画面的正中央

（b）尽量防止地平线将画面上下二等分

（c）尽量不要将画面分成两个完全相等的部分，可在主要对象周围添加一些次要对象

（d）在主要对象周围多留一些空间，画面不要过于饱满

（e）避免画面左右严格对称，均衡地将图片分为两部分

图 2-26

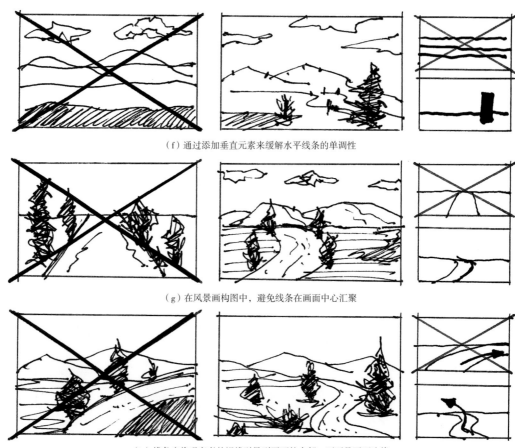

（f）通过添加垂直元素来缓解水平线条的单调性

（g）在风景画构图中，避免线条在画面中心汇聚

（h）线条应将观察者的视线引导到画面的内部，而不是画面边缘

图2-26　画面构图容易出现的问题

　　纸张本身也具备形式美，选择纸张时属于画面的第一次构图。纸张的大小、形状，乃至颜色都是画面构图的基础。画面想达到什么样的效果，在选择纸张时就要考虑到了（图2-27）。最常用的长方形纸张，如A0、A1、A2、A3、A4等，其长宽比例合适，且给人方正平稳的感觉。沿长边横向构图有平和宁静的韵味，沿短边竖向构图则有垂直向上的气势。圆形或扇形纸张具备中国古典文化的诗意美。就纸张色彩而言，白色纸张干净，画面明暗对比强烈，给人以理性之感；偏暖黄色的纸张古朴、温情，给人以感性的韵味。绘画时可根据所描绘的对象选择合适的纸张。

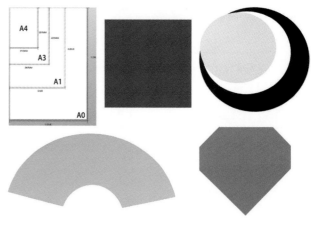

图2-27　纸张构图法

2.5.2 画面取景

取景是构图的基础，是整个作品构思的一部分，取景的原则是均衡。

以下江西美院效果图绘制采取了不同的取景角度，平视角度具有恢弘壮阔的气势（图2-28），俯视角度拉远了距离，更有空间感，易于表现整体环境和气势（图2-29）。

图2-28　江西美院平视角度取景

图2-29　江西美院俯视角度取景

在具体的建筑画表现中，可以从以下几个方面考虑构图。

（1）首先观察描绘对象，获取建筑特征，确定画面主题，并抓取有特征的景物和环境对建筑物进行烘托。

（2）远景的处理尽可能简洁概括。为了增强画面的层次感，背景中妨碍主体突出的景物尽可能概括处理，以达到画面的简洁精炼。也可以采取巧妙的构图，避开复杂的背景处理，如仰视角度避开地平线上杂乱的景物，将天空作为建筑对象的背景；俯视角度则以马路、水面、草地为背景，使主体轮廓清晰，获得简洁的背景。

（3）构图需考虑背景与主体形成明暗调上的对比，使主体的立体感、空间感和轮廓线更清晰、明确。

强调轮廓形状的法则有以下几种。

①主体暗、背景亮，用亮衬托暗；

②主体亮、背景暗，用暗衬托亮；

③主体亮或暗，背景中性灰，用灰衬托亮或暗；

④主体亮，背景亮，用暗的轮廓线分割；

⑤主体暗，背景暗，用亮的轮廓线分割。

背景的处理是建筑画表现中的一个重要环节，构图中如果缺少明暗调或色调上的对比和区分，主体形象就会和背景糊成一片，画面中没有视觉焦点，主体建筑将失去视觉识别度。所以画面的明暗调及色调的对比至关重要，有对比，画面形象才会凸显出来。

思考与练习

本章节重点讲解透视原理并分步骤详解建筑透视画的画法，包括一点透视、两点透视及三点透视。为了巩固所学知识，按要求完成以下习题。

①完成A3图幅的建筑一点透视线稿图1张，要求构图完整、透视准确，画面前后虚实处理得当。

②完成A3图幅的建筑两点透视线稿图1张，要求构图完整、透视准确，画面前后虚实处理得当。

③运用三点透视完成一张A2图幅的建筑鸟瞰图，要求构图完整、透视准确。

④完成一套建筑平面图、立面图、剖面图及轴测图的抄绘，图幅大小A2。

第三章

建筑画中常见的
配景表达

建筑手绘图中的配景主要有水景、植物、石头、人物、车辆、小型构筑物等。这些配景是建筑手绘图的构成元素，起到烘托、点缀、参照等作用。合理运用配景能够展示出真实的空间感和场景感，清楚地表达建筑物所在地和周边情况，对环境气氛起到烘托作用，有助于强化建筑的特性。在突出建筑主题、表现空间层次、营造气氛、提升画面艺术效果等方面，配景起着重要的作用。相比整个画面而言，尽管配景体量相对较小，但同样需遵循绘画的基本原理及掌握画面处理技巧，只有学会塑造和处理，才能更好地表现整个空间。

不同于写生或一般的风景画要求配景具有较强的图案性，建筑配景在画法上可以用较少的笔墨来表达，同时层次要少，如人、树的表现，可以画一轮廓、剪影，目的是表达画面的主次关系，烘托建筑环境。

3.1 水景

水是重要的景观元素，静水、浪水、流动的水等形式各异（图3-1）。表达大面积的静水时，可以先用马克笔画倒影，再大面积上蓝色，注意留白、过渡等细节处理，也可以结合彩铅处理细节。表达活水时，可用不同大小的黑白点和线型表示波浪和波纹；若背景为深色，水景以白色或浅色为主，若背景为浅色，水景以深色为主；垂直水面用浅色，水平水面用深色，突出两者深浅对比与水面深度。表达流水时，要注意流水的流向、速度等。

3.2 石头

用钢笔表现石头时，注意用线干净、利落，不可来回描边，尽量用坚硬的线条表达石头的轮廓，适当将石头分出明、暗、灰三面。上色时，可选用马克笔表达，注意将受光面和背光面的差别适当拉大。近景的石块需表现表面肌理，如石材纹理、裂缝、小的孔洞、石上的青苔等。与草、灌木的搭配要显得自然而不生硬。石分三面，宁方勿圆（图3-2）。

3.3 植物

建筑画表现中，植物是配景中最重要的表现元素之一，它的效果好坏影响着画面的整体效果。植物中树的表达是本节的重点，也是难点。树的形态各异，初学者想短时间内掌握较为困难。画树时，首先应学会观察各种树木的形态、特征及各部分的关系，了解树木的外轮廓形状、整株树木的高宽比和干冠比、树冠的形状、疏密和质感，这对树木的绘制是很有帮助的。初学者可以从临摹各种形态的树木优秀图例开始，在临摹的过程中要做到

图3-1　水景的各种表现

图3-2　石头的各种表现

手到、眼到、心到，学习和揣摩树形概括、质感表现和光影处理等方面的方法和技巧，并将已经学到的方法和技巧应用到临摹树木图片、照片或写生中去，通过反复实践学会合理地取舍、概括和处理。

3.3.1 乔木

乔木是指树身高大的树木，由根部发生独立的主干，树干和树冠有明显区分。平常见到的大树及路边的行道树等通常都是乔木。在建筑画中，乔木又被分为前景树、中景树、远景树和鸟瞰树。树的形态千姿百态，有秋冬落叶以赏枝为主的落叶树，也有一年四季不落叶以赏叶为主的常绿树。总之，想要画好乔木，需先了解乔木的生长习性，掌握树干、树枝、树叶的穿插关系。对各种乔木的形态要有概括的洞察力，观察树枝的生长姿态，不可将树冠画得太满，需要有所取舍、留白，做到疏密变化，删繁就简（图3-3）。

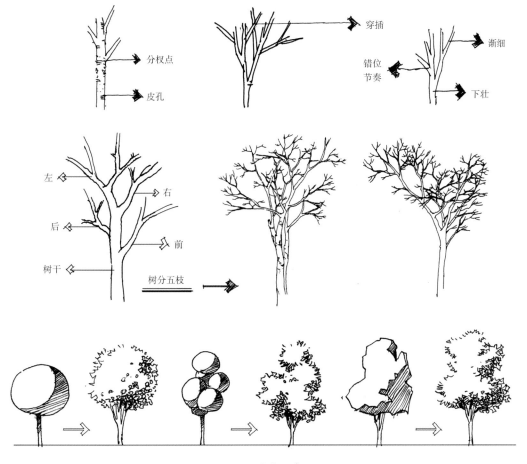

图3-3　乔木的表现

棕榈科植物造型特别，在画面中较为突出，表现时先把基本骨架勾画出来，然后画出植物叶片的详细形态，注意树冠与树干之间的比例关系（图3-4）。

（1）近景树

近景树明暗对比较为强烈，细节刻画生动。色彩表达时，可选用颜色最深的绿进行上色处理；叶丛中需适当留白；树干质感、肌理需精细表达，树冠在树干上的投影等细节也不可忽略（图3-5）。

（2）中景树

中景树以体现姿态为主，不过分注重质感、肌理的表达。主干分出大致明暗，树形轮廓有虚实变化，着重于真实自然。中景树往往和建筑物处于同一层面，也可位于建筑物前。表达树木时，不必一枝一叶地刻画，应主要把握树木的整体轮廓，枝干的体积感和光线下树冠上下、内外明暗关系的表现（图3-6）。

图3-4　棕榈科植物的表现

图3-5　近景树的表现

图3-6　中景树的表现

（3）远景树

　　远景树一般成片处理，无需一株一株地表达，尽量减弱对比使背景虚化，以拉出主体与背景的前后关系。用马克笔给远景树上色时，可适当使用马克笔自带的酒精稀释，类似于湿化法，形成自然生长的随意效果（图3-7）。

图3-7　远景树的表现

（4）鸟瞰树

表达鸟瞰树时，要适当加强明暗关系，注重前后虚实。由于视点原因，鸟瞰树树干不能太长，应比平视树短，甚至可以不画树干（图3-8）。

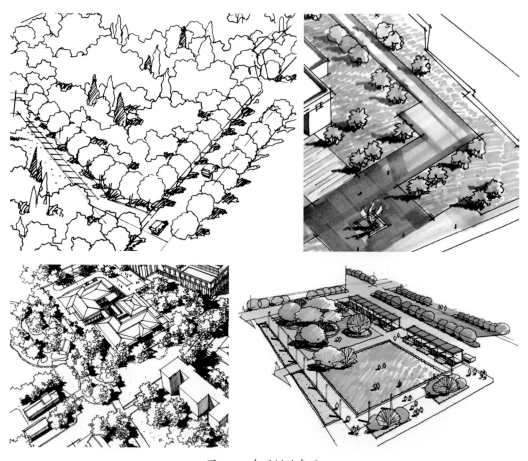

图3-8 鸟瞰树的表现

（5）树的平面图画法

树的种类非常丰富，造型千姿百态，平面绘制方法亦多种多样，绘制时需抓住其主要特征。依树冠的几何形体特征可归纳为球形、扁球形、长球形、半圆球形、圆锥形、圆柱形、伞形和其他组合形等。平面图中树的绘制多采用图案手法，乔木多采用圆形，圆形内的线可依树种特色绘制（图3-9、图3-10）。针叶树多采用从圆心向外辐射的线束，阔叶树多采用各种图案的组团，热带树多用大叶形的图案表示。灌木丛的造型自由多变，有自然式，也有修剪整齐的几何形式。

3.3.2 灌木

灌木以近景表现较多，注意强调其明暗关系。叶片形态表现要精准，甚至有些植物需一片片表现叶片，描绘前后左右的伸展关系。花灌木表现可用马克笔大致分出叶片的明暗，用钢笔、彩铅刻画局部（图3-11）。

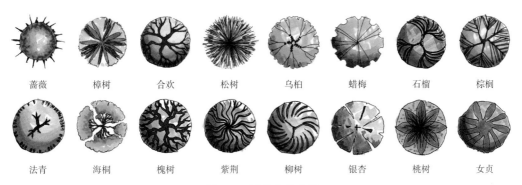

| 蔷薇 | 樟树 | 合欢 | 松树 | 乌桕 | 蜡梅 | 石榴 | 棕榈 |
| 法青 | 海桐 | 槐树 | 紫荆 | 柳树 | 银杏 | 桃树 | 女贞 |

图3-9　树的平面表现

图3-10　树的平面组合形式

图3-11　灌木的表现

3.3.3　草地

可用钢笔打点或排线的方式表现草地，上色常选用深浅两种颜色的马克笔顺着地势排列笔触。这样既可以表达地形的起伏关系，又可以适当反映树木在草地上的投影（图3-12）。

图3-12　草地的表现

3.4　人物

在建筑效果图中，人物是重要的配景之一，作用有以下几点。

①空间尺度参照。在建筑效果图中，人物往往是极其简化的，不必细致刻画，仅作为建筑及空间的尺度参照。

②性质及功能指示。如儿童游乐场所、公园、广场、休闲场所等。

③点缀画面、烘托氛围，使画面更生动、有趣。如表现商业空间的热闹繁华，就可以加入大量的人物点缀。

透视图中的人物大致分为前景人物、中景人物、远景人物和简笔人物。

前景人物可用于画面的收边、补缺或遮挡。其上色程度及细致程度要与主画面协调。主画面丰富的时候，人物可以简化，可只有轮廓线；主画面较简练时，人物可以略细致，做到两者的节奏有强弱之分（图3-13）。

中景人物运用较多，主要表现人物动态，略带细节，局部点缀（图3-14）。

远景人物主要用于表现空间透视、点缀色彩及活跃气氛，表现其大体动态即可（图3-15）。

简笔人物多用于快速草图中，仅表达人物的大致轮廓和动态，尺度适宜即可。

图3-13　前景人物的表现

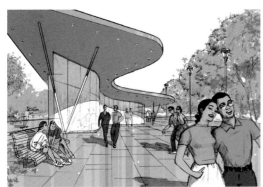

图3-14　中景人物的表现

图3-15　远景人物的表现

3.5　车辆

汽车、摩托车、自行车等交通工具是活跃画面的重要组成部分。建筑效果图中车辆的表达需考虑与建筑的比例关系，过大或过小都会影响建筑物的尺度，透视也应与画面透视一致（图3-16～图3-18）。

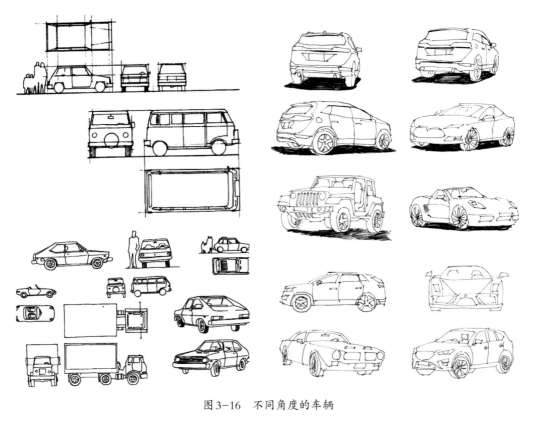

图3-16　不同角度的车辆

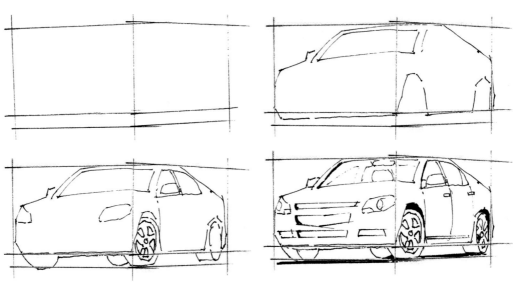

图3-17　汽车的画法

图3-18 汽车的上色表现

3.6 不同材质的表现

材质的质感与肌理是一种视觉印象，在手绘表现图中可以通过线条的虚实关系和颜色体现出来。通过了解与归纳各种材质的特性，可以赋予各种材质不同的图像特征，例如玻璃具有通透性与反光的特点，混凝土具有凹凸不平的纹理等，这些都是材质固有的特征。不同材质质感与肌理特征的表达，关键在于抓住其固有特性，刻画纹理特征以及环境反光等。

3.6.1 木材

木材在室外运用得比较多，表面会涂上油漆或者做防腐染色处理，颜色会有变化，但是通常都会保留木材的基本纹理。首先要画出木材的纹理，注意疏密的变化。上色时选用木色系马克笔，由浅至深叠加上色，明暗交界处及暗部用深色马克笔加强转折关系（图3-19）。

图3-19 木材的表现

3.6.2 石材

石材是常用的建筑材料之一，常用于墙面、地面。从表现肌理来说，可以将其简单地分为毛面和抛光面两大类，两者差别比较大。毛面石材形状大小不定，表面起伏比较大，色彩表现可以夸张一点；抛光面石材表面平整，上色时可大面积平涂，并表现光影变化（图3-20）。

图 3-20　石材的表现

3.6.3 玻璃

表现玻璃材质时可以穿插一些斜线，下笔要轻，最好不要重叠，上色可选用冷灰色和浅蓝色马克笔，由浅至深叠加上色（图3-21）。

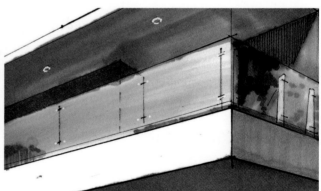

图 3-21　玻璃的表现

3.6.4 文化墙

文化墙由文化砖砌成。先画出长短不一、错落排布的线条表现文化砖肌理，注意不要交叉，最后再画出砖的轮廓，要表现出体块感；上色时可根据文化墙的固有色选用黄色系或冷灰色系马克笔，注意不同色彩间的衔接与过渡（图3-22）。

图 3-22　文化墙的表现

3.6.5　其他材质

在建筑画表现中常见的材质还有混凝土、竹材等，在线稿刻画时，需要抓住形体的轮廓特点，对于重点细节需要仔细刻画。在表现整体效果的时候，需注意体现材质本身的体块、层次和体积感（图3-23）。

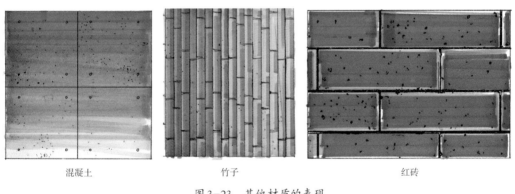

混凝土　　　　　　　　　　竹子　　　　　　　　　　红砖

图 3-23　其他材质的表现

思考与练习

本章重点讲述建筑手绘图的配景表达，如水景、植物、石头、人物、车辆等，并讲解材质的表达。为巩固所学知识，完成以下练习。

①完成A3图幅的建筑配景图手绘练习两张，需包含水景、植物、石头、人物、车辆等。

②完成A3图幅的材质练习1张，含木材、石材、玻璃等材质的表达。

第四章

建筑钢笔画表现

4.1 建筑钢笔画概述

建筑钢笔画具有鲜明的专业特点，集科学性、技术性与艺术性为一体，它不同于写生，不同于一般的艺术绘画，它是建筑设计方案的直观表现，是建筑师的设计语言。建筑钢笔画运用写实的手法准确地表现建筑，以直观的形式表达建筑的形态、质感及场景，给观者以真实感。同时建筑钢笔画作为表现艺术，具备艺术创作的特性，与其他绘画艺术有着共性的一面，同样可给观者以美的享受。

建筑钢笔画应用广泛，可快速表达设计理念，将所思所想诉诸笔端，由于作画工具携带方便，更是建筑采风的常用绘画形式。不少高校的建筑、城乡规划和环境艺术设计等专业将其作为一门单独的基础课程，以此锻炼学生的建筑手绘表现能力，为后续的设计表现课和专业课奠定基础。

4.2 建筑钢笔画表现技巧

4.2.1 手绘工具

对于手绘初学者来说，合理选择手绘工具很重要。下面介绍建筑钢笔画中会用到的纸张和工具，具体还要根据个人喜好和需求进行选购。

（1）纸

建筑钢笔画需要密度高、结实、无光（不上蜡的亚光）的纸张。初学者最适合的用纸为200～400克的高密度糙白卡纸。当然，钢笔画的用纸是没有严格规定的，除非要表现特殊的效果，一般的素描纸、速写纸、卡纸、水彩纸、布纹纸、有色纸，甚至宣纸都可以使用。

（2）笔

钢笔画的用笔有多种选择，主要包括钢笔、美工笔、针管笔（图4-1）。英雄、凌美等品牌的钢笔对于建筑钢笔画初学者是不错的选择。针管笔比钢笔更便捷流畅，且防水快干，还有各种粗细的笔头可供选择。

图4-1　建筑钢笔画常用的笔

4.2.2　钢笔画的学习方法

学习建筑钢笔画是一个由浅入深、由简单到复杂的递进过程，练习时可循序渐进分以下三步进行。

（1）临摹优秀作品

临摹是学习钢笔画的第一步，是认识并熟悉建筑钢笔画构成语言的一条捷径。在临摹过程中，要以分析的方法，比较全面、细致、深入地解读作品的内容。虽然带有明显的被动接纳的成分，但通过临摹优秀作品，能使学生了解钢笔画的用笔方法及画面的处理手法等，培养学生对形体的理解能力，以及对建筑尺度的把握能力。

（2）描摹实景图

描摹实景图是学习建筑画较为常见的一种手法，是从临摹优秀作品到实景写生的过渡环节。首先要选择画面结构明显，光影关系合理（一般为正面光）的图片为摹本。在描摹过程中，不能埋头不加思考地进行描绘，而是要采取概括、取舍的艺术手法主观地处理空间中的每一个物体，同时要始终注意画面的主次关系、虚实对比，以及画面的整体性（图4-2）。通过对图片的描摹，锻炼学生主观处理画面的能力。

图4-2　图片临摹

（3）户外写生

写生能锻炼学生的观察能力、表达能力，提高艺术审美，还可以为手绘表现创作积累更多的视觉符号和素材。通过在写生中不断观察、总结，从中获取处理画面的能力和经验，能够使建筑钢笔画的场景表现更合理，画面更具艺术性，风格更具独创性（图4-3）。

4.2.3　钢笔画表现技巧

（1）透视的运用

初学者在表现建筑时常选用一点透视或两点透视。一点透视和两点透视能够熟练运用后，也可尝试多点透视也叫散点透视，即不同物体有不同的消失点。一点透视可以很好地表现建筑的进深感和前后关系，透视表现范围广，适合表现庄重、稳定的建筑环境空间。两点透视的画面直观、自然，接近人的实际感觉，也是建筑表现常用的透视，但视点的选择需认真考虑，两边的灭点若离画面中心太近极易产生透视变形。

（2）角度与视点的选择

　　不同的角度和视点会产生不同的视觉感受。在建筑画中，人视点能给观者较为真实、直观的感受，能很好表现建筑的体量感，故为首选。选择角度时，切记不宜选择某一立面的正前方或是两个立面的转角作为画面的中心，这样画面会显得呆板。较为理想的角度是其中一个建筑立面占据画面的2/3，另一个立面占据画面的1/3，这样画面较为活泼、生动。视点则需要根据建筑的高度而定，一般建筑越高，视点越低，以突显建筑的高大和稳重（图4-4）。

图4-3　户外写生

图4-4　视点的选择

（3）光影的处理

　　光影能使物体产生立体感，使主体更加突出，画面更具视觉冲击力。建筑钢笔画需根据不同的画法，采用不同的光影处理手法。如线描画法以线条描绘建筑的形体、结构，无需考虑光影；线面画法以线条的组合来表达建筑的空间层次，画面具有真实性，需考虑光影变化。

4.3　建筑钢笔画的常见画法

　　钢笔画常以钢笔、签字笔、美工笔、针管笔等为工具，不同的工具和不同的使用方法表现出不同的线条和笔触，根据线条组合的特点，可将钢笔画归纳为以下四种画法。

（1）线描画法

　　线描画法也称结构画法，用线条表现建筑的形体、透视、比例、结构等，这种画法在造型上有一定的难度，掌握不好容易使画面呆板、空洞。线描画法完全依靠线条在画面中的合理组织与穿插关系来表现建筑空间、主次及虚实关系。绘制过程中，要求作画者不受光影的干扰，排除明暗阴影的变化，准确抓住建筑的基本结构，从中提炼出用于表现画面的线条。钢笔线描画法的练习有利于加强学生对建筑形体结构的理解和认识（图4-5）。

图4-5　线描画法

（2）线面画法

　　线面画法是在线描画法的基础上，在建筑的主要结构转折或明暗交界处，有选择地、概括地施以简单的明暗色调，强化明暗的两极变化，剔去中间的灰调层次。这种画法强调建筑的空间关系，可保留线条的韵味，突出画面的主题，具有较大的灵活性和自由性（图4-6）。

（3）速写画法（意象画法）

　　速写画法是在较短的时间内，简明扼要地把握建筑的形态特征与空间氛围，用笔随意、自然。这种画法往往不

图4-6　线面画法

能表达建筑的结构细节，只能体现建筑设计的意象及空间的氛围效果。通过速写画法的训练，可以锻炼学生的观察力和准确、迅速地描绘对象及把握画面的能力（图4-7）。

图4-7　速写画法

（4）综合画法

　　综合画法是线面结合，并考虑光影变化的表现方法，画面特点是既有建筑结构的严谨性，又带有明暗层次的空间感，在光影的处理上，要求在空间或物体结构转折处适当地点缀光影（图4-8）。

图4-8 综合画法

4.4 建筑写生

建筑画的表现对象是建筑，要画好建筑画，建筑写生是行之有效的训练方法和途径。

写生是对现场景物进行实地描绘的绘画形式，是从临摹形体到独立组织形体的转变。通过写生能够设身处地地理解真实空间，体会空间的尺度感，提高组织画面的能力、感受能力、形象记忆能力和概括表现能力。

建筑写生是对建筑造型的训练，是从模仿用笔、用色到独立应用笔触、色彩、组织画面的实质转变的过程。建筑写生的内容包含较多，有建筑形体、结构、空间、场景等诸多方面。写生过程是经过仔细观察、分析、提炼、概括后，将其表达在纸面上的过程。写生时，要注重表现建筑的形式美，以及建筑与环境的关系，培养严谨的造型能力、严格的写实功底和对物体的塑造能力。建筑写生下笔前应先重点做好以下两项工作。

（1）观察、取景

写生过程中要善于发现美，通过观察识别建筑形体中各种复杂微妙的变化，训练眼睛对建筑形体、空间形态的把控能力。观察的首要目的在于取景，不是将所有看到的物体一一绘制出来，而是对眼前的景物经过取舍后才开始构图。

（2）"心理"构图

一幅优秀的写生作品，构图非常重要，需要对整个画面有一个统筹的思考和安排。在正式绘画前，先在脑海里进行"心理"构图，考虑画面的均衡、聚散、节奏、对比、错落等，养成意在笔先的习惯。

图书馆一景写生步骤

观察及思考：观察画面（图4-9），思考在图纸上的构图，确定图幅范围；思考画面透视关系及视平线的位置；思考画面取舍。

步骤1：确定画面的前景、中景及背景。先在背景部分绘制出图书馆建筑的轮廓线，中景部分植物可先留出其轮廓，确定前景中步行道路的透视、亭子在画面中的大小比例关系等，并注意线条的前后虚实关系（图4-10）。

步骤2：对画面进一步取舍，根据植物的特点，分析不同植物的形态与生长趋势，勾勒出植物的轮廓。局部交代明暗关系，为上色做铺垫（图4-11）。

步骤3：仔细刻画建筑的阴影和明暗关系，拉开和亭子的前后关系。对亭子细节进行仔细地刻画，描绘出步行道的明暗关系。对植物进行黑白灰的区分（图4-12）。

步骤4：调整画面的黑白灰关系，用直线拉出水面的感觉，适当在水面上添加荷叶和荷花，起到点缀作用。完成钢笔稿（图4-13）。

图4-9　武汉工程大学武昌校区叠翠湖图书馆一景

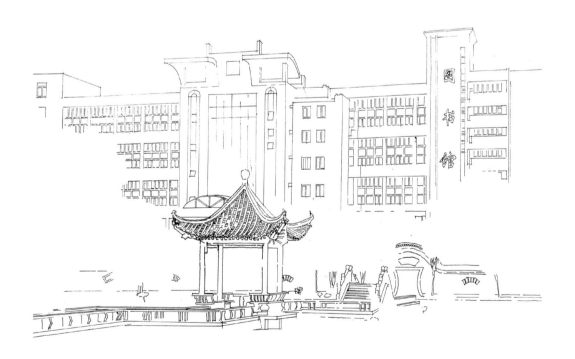

图4-10　图书馆写生步骤1

图4-11　图书馆写生步骤2

图4-12　图书馆写生步骤3

图4-13　图书馆写生步骤4

4.5　建筑钢笔画赏析（图4-14~图4-25）

图4-14　俄罗斯圣彼得堡滴血大教堂

图4-15　俄罗斯圣彼得堡夏宫一景

图4-16　俄罗斯圣彼得堡冬宫广场

图4-17　俄罗斯圣彼得堡阿芙乐尔巡洋舰

图4-18　庐山动物园

图 4-19 肇兴侗寨

图 4-20 西江千户苗寨

图 4-21 堂安侗寨

图 4-22　肇兴侗寨水街

图 4-23　侗族风雨桥

图 4-24　西江千户苗寨一景

图 4-25　土家族吊脚楼

思考与练习

本章讲述建筑钢笔画的常见画法及表现技巧，并分步骤详解建筑钢笔画写生过程，通过写生实例分析取景、构图、明暗表达、光影表达及画面虚实处理。为巩固所学知识，完成以下练习。

①完成一张A3图幅的优秀建筑钢笔画临摹。

②完成一张A3图幅的钢笔建筑风景画写生。

第五章

建筑马克笔和
彩铅表现

5.1 马克笔表现工具和材料

马克笔是英文"Marker"的英译，意为记号笔，是近些年较为流行的手绘表现工具。20世纪初，欧洲现代主义艺术和设计运动兴起，现代主义艺术的绘画风格在一定程度上影响了设计表现的风格，呈现出多元性趋势，在表现工具上也出现了对新材料的尝试，马克笔正是这个时期被运用到设计效果图中的。其表现方法严谨而真实，能较为直观地表现设计方案，深受建筑师的喜爱。

马克笔绘画使用的不同工具和材料会对绘画效果产生一定影响。马克笔绘画中使用的主要工具和材料有马克笔、纸、针管笔以及其他辅助工具。

5.1.1 马克笔

（1）按颜料性质分类

马克笔因颜料性质不同可分为油性马克笔、水性马克笔、酒精性马克笔（图5-1）。

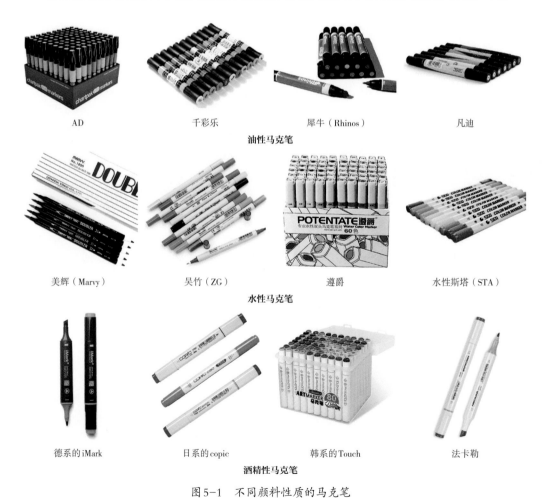

AD	千彩乐	犀牛（Rhinos）	凡迪

油性马克笔

美辉（Marvy）	吴竹（ZG）	遵爵	水性斯塔（STA）

水性马克笔

德系的iMark	日系的copic	韩系的Touch	法卡勒

酒精性马克笔

图5-1 不同颜料性质的马克笔

油性马克笔：用有机化合物（如二甲苯、酒精等）作为颜料溶剂，故味道比较刺激，有一定的毒性，而且较容易挥发。油性马克笔快干、耐水、耐光性好、色彩亮丽、颜色多次叠加柔和不易脏、有较强的渗透力。

水性马克笔：类似彩色墨水笔，不含酒精成分，无刺激性味道，无毒。水性马克笔颜色亮丽、透明度高、但颜色多次叠加后会变灰、容易伤纸。水性马克笔可溶于水，若用沾水的笔在纸上涂抹，可获得类似水彩的效果。

酒精性马克笔：主要成分是染料、工业酒精、树脂，具挥发性。酒精性马克笔兼容了油性和水性马克笔的优点，易干、耐水、耐光性好、颜色可多次叠加、不会伤纸、颜色柔和稳重，而且可在光滑的表面书写。应于通风良好处使用酒精性马克笔，使用后需要盖紧笔帽，远离火源并防止日晒。

（2）按笔头类型分类

按笔头类型可以分为纤维型笔头和发泡型笔头两种（图5-2）。

纤维型笔头：特点是笔头扁状，材质为纤维拉丝（通过拉伸等工艺将聚合物等材料拉伸成细丝状），粗头宽度一般为6mm，细头为1mm，出水顺畅，笔触硬朗、犀利，色彩均匀。这种笔头比较适合绘制硬质材质的画面，比如建筑面板、地面、玻璃等，比较受建筑专业学生青睐。价格相对便宜可单支选购，适宜初学者练习使用。

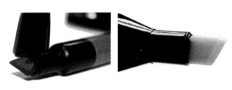

纤维型笔头　　　　　　发泡型笔头

图5-2　马克笔的两种笔头

发泡型笔头：特点是笔头较宽，粗头宽度一般为8mm，细头为1mm，笔触柔和、有颗粒状的质感，色彩饱满。很多初学者刚开始用这种笔头常会误认为是出水不足，其实是速度过快导致的。发泡型笔头比较适合绘制软质物体，如植物、天空、磨砂地面等。发泡型笔头可以绘制出干枯的笔触，能达到更多样的手绘效果，但价格相对昂贵。

5.1.2　纸张及针管笔

可根据需要的画面精细程度、马克笔的属性（水性、油性、酒精性）和设计意图选择纸张。纸纹较细的绘图纸、复印纸、新闻纸，或纸纹较粗的牛皮纸，都是水性马克笔的理想用纸，但对纸张克数有一定的要求，纸张过薄易渗透，效果不佳，以8～12克每张为宜。油性马克笔除了可以在以上纸张上作画外，还可以在硫酸纸上作画，且有很好的画面效果。

马克笔效果图墨线稿多用针管笔勾画，针管笔可画出精确且宽度相同的墨线（图5-3）。针管笔有两大类：一类是可以注入墨水的，可以反复使用；另一类是一次性的，笔杆中的墨水用完了就不能再使用了。我们经常使用的是一次性的针管笔。针管笔的常用型号有005（直径0.2mm）、01（直径0.25mm）、02（直径0.3mm）、03（直径0.35mm）、05（直径0.45mm）、08（直径0.5mm）等。

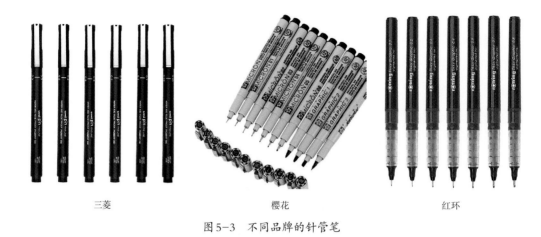

三菱   樱花   红环

图5-3 不同品牌的针管笔

5.1.3　其他辅助工具

除了马克笔、纸张、针管笔等基本工具以外，绘图时还需要一些其他的辅助工具，如铅笔、彩铅、尺子、橡皮、高光笔、修正液等（图5-4）。

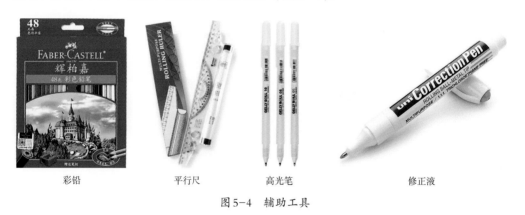

彩铅   平行尺   高光笔   修正液

图5-4　辅助工具

5.2　马克笔表现技巧

5.2.1　马克笔的特点

马克笔作为建筑快速表现最常用的工具之一，具有很多优点。一是色彩鲜艳丰富，画面效果醒目、视觉冲击力强；二是成图时间短，能迅速地将方案用马克笔表达出来；三是透明度高，可任意搭配，重复上色；四是马克笔笔头特殊，通过灵活调整笔头的角度和倾斜度画出粗细不同的线条和笔触。

当然，马克笔也存在一些弊端。马克笔是单支单色，色彩的变化只能靠不同色的马克笔；马克笔属于一次成形的作画工具，对于初学者来说很难上手，但是这个心理障碍必须克服，任何技法的训练都要先放后收，方能取得进步。

任何作图工具都有其优缺点，作画过程中要尽量发挥其优点，避免其缺点，使它产生最好的画面效果。表达一幅色彩丰富的建筑效果图需要多准备些马克笔，一般情况下选择48色到64色就够用了。很多人使用马克笔会出现效果图模式雷同的情况，建议搭配技法练习，养成好的使用习惯和独特的绘画风格。

5.2.2　马克笔的上色要点

①下笔要肯定、准确、快速，但切忌匆忙落笔、笔触潦草凌乱，不可在画面上停留过长时间，不可重复涂抹。意在笔先、线条流利、色彩明快，这是马克笔表现的最大特色。

②注意线条的粗细变化。马克笔是单支单色，所以中间色调很难表达，常采用线条的粗细变化来丰富画面关系，马克笔的虚实和空间关系可以通过线条的变化来表达。

③色彩叠加。同色系的叠加可以产生丰富的色彩变化。颜色叠加要先浅后深，马克笔不具有较强的覆盖性，浅色无法覆盖深色，因而在绘画时应先上浅色，然后再覆盖较深的颜色。灰色系的马克笔可以与其他色系叠加，但需要考虑的是色彩叠加会使纯度降低。

④在上色过程中注意分析空间物体的固有色和光源色，偶尔还需要顾及环境色，这样才能使色彩更加真实和谐。

⑤注意留白。在使用马克笔绘图时，多以留白来体现受光面和高光部位，此外也可以适当使用高光笔和修正液提亮细节。

⑥从整体出发，在抓住大色调的前提下，进行适当的变化，做到统一中有变化，变化中不失统一。

⑦注意空间层次的区分。用色要讲究近实远虚的原则，远处的物体用有后退感的色彩，如冷色、灰色；近处的物体用有前进感的色彩，如暖色和纯度高的颜色等。

在实际的马克笔建筑效果图表现中，掌握以上这些要点是不够的，还需要学习更多的色彩知识，并灵活运用，用艺术手法处理画面，使作品更具感染力和艺术魅力。

5.2.3　马克笔的着色方法

（1）干画法

是在干底上着色，第一遍颜色干透后再上第二遍颜色。底色与叠加色笔触明显、方向感强，多用于表现肯定、明晰的形体结构、特殊质感纹理和硬性材质的光感、倒影等（图5-5）。

（2）湿画法

通过不同的湿画方法，可以画出水彩画效果，使坚硬的笔触变得柔和。湿画法色彩的衔接更为自然，增强了马克笔表现的艺术美感（图5-6）。

干画法练习　　　　树的马克笔干画法　　　　湿画法练习　　　　树的马克笔湿画法

图5-5　马克笔干画法　　　　　　　　　图5-6　马克笔湿画法

常用的湿画法有以下3种。

①马克笔底色未干时画第二遍，或者利用笔水较多的马克笔在纸面上反复揉，使色彩产生相溶效果，使笔触较为柔和（图5-7）。

②先干画后湿画。将表现内容用马克笔画好后，再用毛笔蘸清水将颜色稀释，水性马克笔遇水就会化开渗透，通过控制水分的多少来完成不同的湿画效果。遇水渗开的色彩有着清新淋漓的水彩般的感觉。

③先湿纸上上色。将纸张用清水打湿（可用纸巾控制湿润度，过湿可以将清水吸掉），然后趁湿上色，画面会产生一种较为润泽的水彩效果，不同色彩衔接自然。

（3）色彩重叠法

马克笔常用的表现方法，水性马克笔一遍上色与重叠上色所产生的效果不同，重叠能够加深颜色，使色彩更加丰富细腻。例如可以选择同色系的两三种颜色进行叠加表现界面的过渡效果（图5-8）。

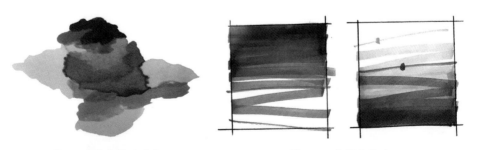

图5-7　马克笔湿画法　　　　　　　　图5-8　色彩重叠法

（4）界面的满涂与半涂法

界面的表现有两种着色方式。一是满涂，把整个界面用马克笔借助尺子一笔接一笔

均匀地铺上颜色，如界面较小，可以徒手涂
色。马克笔效果图非常讲究笔触效果，铺色
时不要中途停顿，起笔收笔要到边，为了使
两侧的边线控制整齐可用纸进行遮挡或借用
尺子辅助。二是半涂，平铺一部分后，利用
马克笔笔头拉开距离然后画几条由粗到细的
折线，给人以满涂的效果（图5-9）。

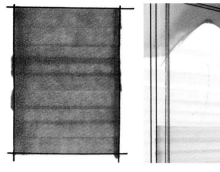

图5-9　界面的满涂与半涂法

5.2.4　马克笔的笔触表达

马克笔表现重点有两个方面，一是光影，一是材质。运用不同的笔触可以使有限的色
彩，甚至是单一的色彩表达多种材质和光影效果，常用的笔法包括点笔、摆笔、扫笔等。

（1）点笔

常用来表现植物与投影，特点是笔触以块状为主，在笔法上可灵活随意调整笔头角
度，但也要注意方向性和整体性，控制好植物轮廓和疏密变化（图5-10）。

图5-10　点笔

（2）摆笔

是马克笔的基本笔法形式，特点是线条简单有序的排列，能为画面建立秩序感，笔触
清晰，如图5-11。

（3）叠加摆笔

笔触的叠加能使画面色彩丰富，过渡清晰，常在第一层颜色铺完后，再叠加一层较深
的色彩，对比效果明显，层次丰富（图5-12）。

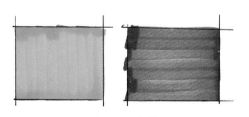

图5-11　摆笔　　　　　　　　　　　　　　图5-12　叠加摆笔

（4）循环叠加摆笔

笔触循环叠加，形成面的效果，产生丰富自然且多变的效果，常用在水的倒影、大面积墙体等（图5-13）。

图5-13　循环叠加摆笔

（5）扫笔

起笔稍重，提笔结束，速度要快，无明显的收笔痕迹。为了强调明显的衰减变化和虚实变化，有一定的方向控制和长短要求（图5-14）。

图5-14　扫笔

5.3　彩铅表现工具和技巧

5.3.1　彩铅

彩铅也是建筑画常用的上色工具，属于半透明颜料，可以很好地表达渐变和材质纹理等，用法同铅笔相似。彩铅有12色、24色、36色、48色、60色、72色等规格，建筑画一般用48色就足够。彩铅按性质分为蜡质彩铅和水溶彩铅。蜡质彩铅大多是蜡基质的，不容易形成细腻的风格和锋利的边界。水溶彩铅多为碳基质，颜色清透、附着力较强、显色性较好，与水相溶可产生丰富的类似水彩的效果，非常适用于建筑表现。

5.3.2　彩铅表现技巧

彩铅与普通铅笔有很多共同点，易于学习和掌握，在使用方法上可以借鉴铅笔素描技法。如果涂色面积较大，线条可以松散一些，将笔杆倾斜，与画面大约呈45度，笔尖与纸面的接触面积越大，线条越粗。如果涂色面积较小或者较为细腻，加大笔尖与纸面的倾斜角度（接近90度），用笔尖绘画，刻画出来的线条较为细腻。只要笔触排列有一定的方向和规律，轻重适度，就可以产生比较和谐的效果。彩铅的使用方法有排线法、叠色法、退晕法等。

（1）排线法

要灵活控制笔触的方向，有横排、竖排、斜排，需要随着形体的变化而调整排线方向。但无论什么方向，都要注意笔触均匀一致（图5-15）。

图 5-15　排线法

（2）叠色法

在一种颜色上叠加一种或几种其他颜色，以同色系叠加为主。彩色铅笔排列出不同色彩的线条，不同色彩之间互相衬托对比（图5-16）。

图 5-16　叠色法

（3）退晕法

利用水溶彩铅易溶于水的特点，将彩色铅笔线条与水融合，可以达到退晕的水彩效果（图5-17）。

图 5-17　退晕法

在效果图的绘制中，彩铅可以单独使用，也可以与其他工具，如与钢笔、水粉、马克笔等搭配使用。与马克笔的结合使用可以增强画面质感、丰富画面色彩、形成细腻的色彩过渡。马克笔的特点是色彩鲜明、线条流利，适合表现表面光洁的物体，如湖面、玻璃等。而彩铅的特点是质感粗糙，弥补了马克笔的不足，可以很好地表现物体的质感，如木材、石头、地面铺装、近处的草坪、茅草屋等的不同质感。彩铅是马克笔绘图过程中不可或缺的补充工具。

5.4 马克笔手绘效果图的作画步骤

下面以城市综合体为例展示马克笔手绘效果图的作画步骤（图5-18）。

步骤1：绘制线稿，线稿需注意以下几个要点。

①透视要准确，比例关系要得当，构图大小要合适。

②较长的结构线可以借助工具，较短的结构线尽量徒手表达。

③注意点、线、面相结合，增加画面质感，使画面更加生动活泼、层次丰富。

④在运笔的过程中时刻注意起笔、运笔和收笔的力度。运笔要放松，这样笔触才会更加生动活泼。

⑤注意光影变化，区分物体的亮面、暗面和投影的明暗关系，增强建筑的立体感。

⑥注意虚实对比，通过虚实对比拉开前景、中景及远景的空间关系。

步骤2：用蓝色系马克笔表达主体建筑，注意色彩的冷暖变化及光影的变化。使用马克笔时，下笔要肯定，笔触要干净利落，线条要流畅，色彩过渡要均匀自然，颜色要有冷暖对比、轻重对比。

步骤3：在整体推进主体建筑物刻画的同时，用灰色系马克笔交代远景的建筑，并对建筑物周围的环境进行布置刻画。配景的效果是烘托主体建筑物，所以在选取配景颜色的时候需要注意与主体建筑物之间保持色调和谐统一。对于周边配景的刻画需考虑整体图幅的构图效果以及透视法则，不必过分刻画细节，追求精致。部分大面积配景，如水面、草地、天空等可以将彩色铅笔与马克笔结合使用。

步骤4：刻画建筑群体在水中的倒影，用蓝色系马克笔由浅到深依次过渡，与主体建筑的蓝色玻璃及天空相呼应，注意水面上的留白。

步骤5：选用蓝色系彩铅完成天空上色，刻画建筑物细部，用高光笔提亮建筑物，营造室内灯光的效果。

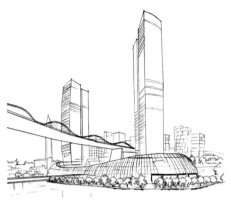

步骤1

步骤2

步骤3

步骤4 步骤5

5.5 马克笔建筑照片写生

第一阶段：草图阶段，绘制铅笔线稿

　　草图阶段线稿的绘制是马克笔上色的前提和基础，线稿要求透视准确，结构清楚，表现方式以线描手法为主。线稿可以用钢笔、铅笔、彩色铅笔等，建议初学者用铅笔起稿，便于修改。在线稿的基础上可以将主要的形体转折面适当加以区分。线稿要求视点选择合理、透视准确、空间尺度得当、配景比例合适、明暗关系清晰明了。线稿阶段的要点如下。

　　①确立透视关系。透视在建筑画中至关重要。建筑写生时应首先确定表现内容与透视角度，确定视点、视高，形成理想的透视效果。建筑表现常选择两点透视，根据所表达的构思内容确定视平线高度，透视的两个灭点尽量离画面中心远一些，以免产生透视变形。

　　②确定构图。草图阶段的构图应确定主题关系，形成视觉中心与趣味中心，确定好物体的比例关系及面积分布，使构图均衡，主次分明。均衡、张力、对比统一、韵律等是构图中的一些基本法则。

第二阶段：勾勒墨线，处理画面关系

　　马克笔建筑效果图墨线底稿非常重要，墨线的勾勒讲究先粗后细，一般用0.5mm的针管笔勾勒建筑主体，用0.3mm的针管笔勾勒配景，如人物、树木、车辆等，用0.1mm的针管笔勾勒远景。疏密对比也是勾画墨线稿的重要环节，空间、距离、黑白灰的形成与线条的疏密有着直接的联系。

　　线条较密的部位会与线条较疏的部位形成对比，产生物象的黑白灰关系与空间关系，更重要的是产生节奏与韵律。节奏与韵律除了与线的粗细疏密有关外，与线的长短、曲直、方圆、轻重及形成的黑白灰也有关。

第三阶段：初步着色，确定色调

这一阶段要用马克笔大致地描绘出画面的明暗关系、物体的固有色以及色彩的冷暖关系等，确定画面色调。任何一幅效果图都会有一个以某种色彩为主的色调关系，从色彩属性上分为冷色调与暖色调，从色相上分为红色调、黄色调、赭黄色调、蓝色调、绿色调及各种偏红偏黄偏蓝的灰色调等，从明度上分为明色调和暗色调等。这一步不需要详细刻画，只需简单交代即可。

第四阶段：深入着色，完善画面关系

这一阶段进行深入刻画，使画面内容更丰富，画面层次感更强，明暗对比逐渐拉开，色彩变化有所增强。该阶段用笔用色数量不宜多，无需追求过多的色彩变化，以固有色的表现为主，尽量做到色彩统一。

第五阶段：添加配景，刻画细节

刻画更多的细节以充实画面，如材质、肌理、配景、天空、光影、投影、倒影、环境色等。材质的进一步表达使各种不同的材质明确地区分开来，增强画面的真实感及视觉冲击力。

马克笔作品中最富有艺术表现力的元素是笔触，能体现绘画者的情感和绘图技巧。在这一阶段绘画者可以充分利用马克笔特有的笔触丰富画面效果。另外，笔触对塑造形体、表现空间效果有着重要的作用，这就要求绘画者灵活处理笔触。

第六阶段：整理画面，把握整体感

最终呈现给人的作品需要具有整体感的画面，主景突出、配景依附。组成场景的各元素间的主次、轻重关系明确，通过这种关系的组织形成画面的视觉中心。在画面处理的过程中，视觉中心的营造、画面整体感的把握尤为重要。一幅画面由多个个体组合而成，但是是一个不可分割的有机统一体。整体离不开个体，个体不能离开整体而独立存在。

除了整体感，还需要有次序感，不管多么复杂的画面，只要遵循次序性，就能够形成整体的感觉。因此，画面的整体把握和调整是个极其重要的阶段。

在这一阶段中，需要利用艺术手段来整理画面，对画面做最终的调整，完整、全面的审视画面，修改、弥补画面中的不足之处。自然界的物体纷乱繁杂，写生不同于照相，不是盲目地、毫无思想地照抄物象。整理画面时，常采用概括、提炼、选择、对比等多种手法，保留那些最重要、最突出和最有表现力的对象，并加以强调。对于那些次要的细节进行概况、归纳，简化层次形成对比。这样才能够把复杂的形体有条不紊地表现出来，画面也才不会显得机械呆板，从而获得富有韵律感、节奏感的形式，有力地表现建筑的造型特征。

案例一：教堂建筑

开始绘画之前，需要对画面进行整体思考，构图、线条、色彩、灯光、材质处理、天空处理等都需要有一个完成后的画面预想（图5-19）。

图5-19 教堂建筑

步骤（图5-20）

步骤1：该建筑为简约现代的教堂建筑，勾勒线稿时也可相对简练一些，不求过多的刻画，阴影部分用色彩表达。

步骤2：从暗面入手进行颜色刻画表达，注意木纹材质的表现，整体灯光统一铺色。建筑明暗关系用冷色进行上下过渡。对远处的山、树进行简单着色。

步骤3：对前景部分的道路进行着色，注意光影冷暖变化。用蓝色系彩铅完成天空绘制，注意轻重、虚实的过渡。最后增加细节刻画，并统一画面，完成着色。

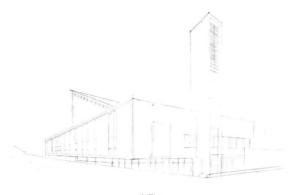

步骤1

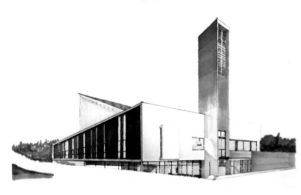

步骤2

步骤3

图5-20 教堂建筑作图过程

案例二：圆形别墅

处理照片中的配景，使画面的前景、中景和远景层次分明，简化建筑的周边环境，突出建筑的空间效果（图5-21）。

图5-21 圆形别墅

步骤（图5-22）

步骤1：绘制画面中的主体建筑物，注意建筑透视比例正确。绘制曲线时要做到一气呵成。

步骤2：进行主体建筑的深入刻画，注意砖、水面、混凝土等不同材质的表达。加强建筑的整体轮廓及画面的素描关系，添加背景树。

步骤3：用暖灰色系完成主体建筑上色；周边植物用绿色系着色，并用黄色表达亮部；用蓝色系完成水景及天空着色；最后统一画面，深化细节完成着色。

步骤1

步骤2

步骤3

图5-22 圆形别墅作图过程

案例三：鸟瞰小广场

鸟瞰图写生需要注意周边环境的表达，对环境做出适当处理，清晰地表达出建筑与场地的关系（图5-23）。

步骤（图5-24）

步骤1：先用钢笔初步绘制形体关系，注意鸟瞰透视，以及建筑与周围环境的关系。对整个建筑统一添加阴影，通过阴影可以看出光源方向，使得整个画面具有强烈的明暗对比。

图5-23 鸟瞰小广场

步骤2：从暗部和投影开始着色，选用偏冷的颜色表达建筑背光面以及投影。

步骤3：绘制周边环境和相关配景，注意把握配景与主体建筑之间的比例、空间、虚实等关系，体现建筑的体积感。

步骤4：对植物配景进行详细刻画，调整画面冷暖关系。加强建筑形体的轮廓感，对近景的建筑外墙的木材及玻璃材质进行详细刻画。

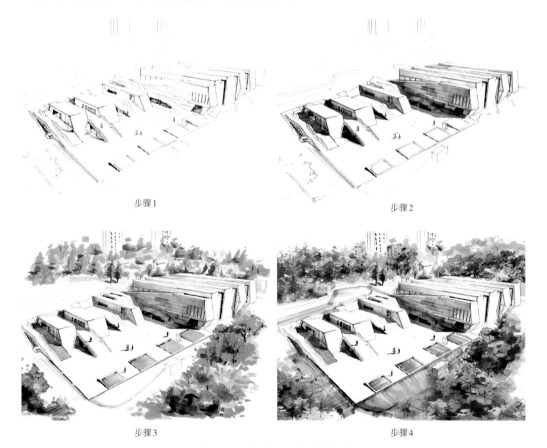

步骤1

步骤2

步骤3

步骤4

图5-24 鸟瞰小广场作图过程

案例四：博物馆

通过对经典建筑进行照片写生，可以对建筑的形体空间关系、建筑立面的处理、材质的表达增加认识（图5-25）。

步骤（图5-26）

步骤1：借助直尺、曲线板等辅助工具简要表达建筑物的大概轮廓及结构线，注意透视关系。先从大面着手，细节暂时先不刻画。

图5-25　博物馆

步骤2：用轻松的线条描绘道路、水面等配景，完整地表现画面的空间层次和虚实关系。

步骤3：先从暗面入手，画出建筑的固有色调。用颜色调节整体建筑的比例关系、空间关系等。处理水面以及倒影的颜色，衬托出建筑的体积感。

步骤4：最后细致刻画暗部细节，加强冷暖对比。加深水面投影，让主体建筑和倒影区别开来。对天空进行处理，以衬托建筑。

步骤1

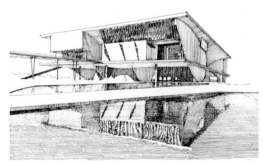

步骤2

步骤3

步骤4

图5-26　博物馆作图过程

案例五：医疗建筑

注意画面的取舍关系，绘制建筑主形体，注意建筑透视比例的正确性，确定主光源。添加植物，所有的植物用笔要连贯柔软，这样做是为了与建筑的硬朗形成鲜明的对比，同时拉开画面层次关系。绘制其他配景，对画面的明暗关系、虚实关系、空间层次关系做统一调整。最后加强建筑的整体轮廓及画面的素描关系（图5-27）。

图5-27 医疗建筑

步骤（图5-28）

步骤1：完成钢笔墨线稿，准确表达建筑的形体、透视关系、明暗关系及材质，周边植物、人物等配景简要勾画。

步骤2：把握周围环境的色彩关系，图面适当留白。人物、路面颜色加重，与建筑主体形成对比。

步骤3：建筑受光部分大胆留白，暗部加重颜色，但能区分出细节变化。用马克笔绘制天空，增强主体建筑的结构线，修饰完善画面。最后点取高光，完成绘制。

步骤1

步骤2

步骤3

图5-28 医疗建筑作图过程

5.6 马克笔和彩铅作品赏析（图5-29~图5-45）

图5-29 冬日别墅一景

图5-30 现代别墅

图5-31 乡村建筑

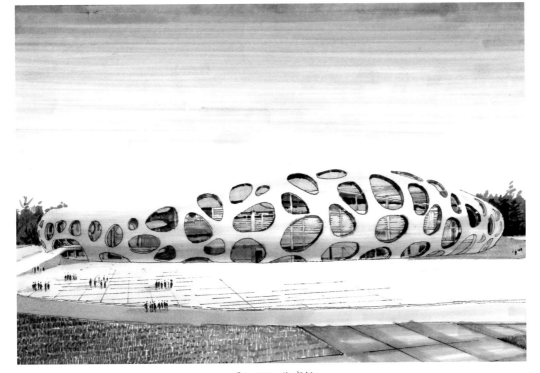

图5-32 体育场

图 5-33　现代别墅冬景

图 5-34　现代住宅（1）

图 5-35　现代住宅（2）

图 5-36　居住区小景

图5-37　游泳池景观

图5-38　基日岛大风车一景

图5-39 基日岛乡村住宅

图5-40 基日岛乡村教堂

图5-41　乡村住宅

图5-42　长形别墅

图 5-43 木制现代别墅

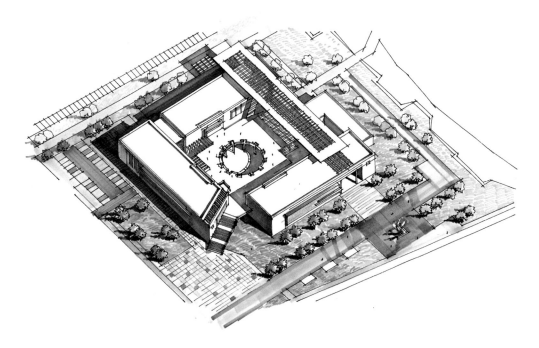

图 5-44 社区活动中心鸟瞰图

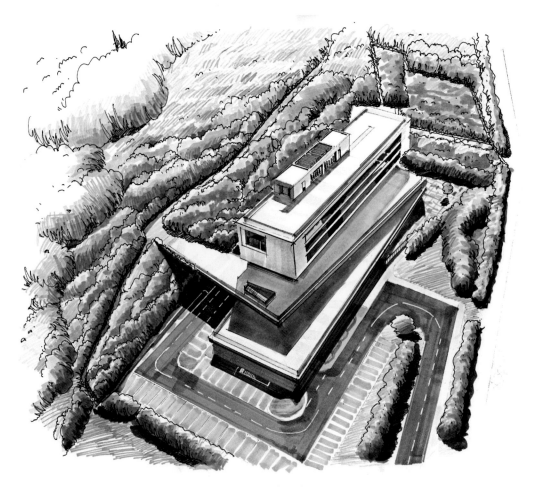

图 5-45 研究中心鸟瞰图

思考与练习

本章重点讲解马克笔及彩铅的建筑画表现，根据所学知识，完成以下练习。

①完成一张图幅为 A3 的建筑画马克笔表现。

②完成一张图幅为 A3 的建筑画彩铅表现。

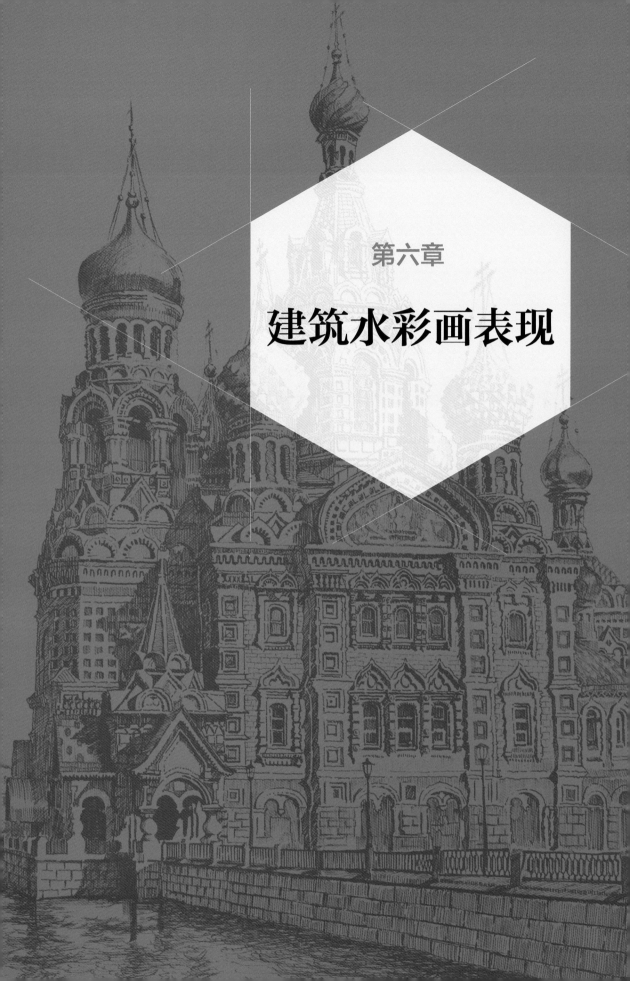

第六章

建筑水彩画表现

6.1　建筑水彩画概述

　　水彩相较马克笔而言，具有更强的表现力和艺术感染力，设计相关的从业者掌握水彩的技法与表现形式是很有必要的。

　　在电脑未普及之前，水彩是设计效果图的主要表现媒介，世界各国的建筑设计从业者几乎都是用水彩来创作建筑效果图。水彩渲染作为一种传统的表现形式，因其自身的优点，在现今的建筑手绘表现中仍较为常用。想要熟练运用水彩表现建筑，除了需要具备一定的美术功底外，还必须了解水彩特性、水彩表现技法等方面的知识，同时对水彩笔、水彩纸等相关绘图工具也需要有一定的了解。

6.2　水彩画表现工具和材料

6.2.1　水彩颜料

　　水彩颜料颗粒细腻，能迅速在水中溶解。作画时用水调色，充分发挥水的作用，使画面清澈透明。与其他颜料相比，晶莹透明、灵活自然、滋润流畅是水彩画独有的特点。

　　水彩颜料种类很多，包装简单，常见的有盒装与散装两种，颜色丰富，常见的有12色、18色、24色等，无论颜色多少，均可通过调色调出丰富多彩的颜色（图6-1）。

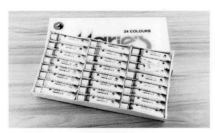
中国马利水彩颜料

法国申内利尔水彩颜料

意大利乔尔乔内水彩颜料

英国温莎牛顿水彩颜料

德国史明克水彩颜料

日本樱花水彩颜料

图6-1　各种水彩颜料

6.2.2 水彩笔

水彩笔有1号至12号（由小号到大号排序），并不需要1号至12号全部购买，可根据作画需求及个人习惯大、中、小号挑选几支即可。在绘制大面积色块，比如天空或背景铺底色等的时候，可选择大号笔或板刷涂刷，再用中、小号笔刻画细节。绘制中国画常用的狼毫笔或者松鼠毛的笔，也是非常好用的水彩画工具，这类笔吸水性强，还具有一定的弹性，使用起来方便、灵活（如图6-2）。

图6-2　各种水彩笔

6.2.3 水彩纸

水彩画需选购专用的水彩纸，水彩纸品种多样，初学者可按克重选购，克数越大纸张越厚，吸水性越好，但价格也会越高。对于初学者而言，水彩技法掌握不够熟练，因此对画纸质量的要求更高，这样能更好地体会水与彩的结合。就画纸的质感而言，纸张越粗糙、纹理越明晰，吸水性越好，反之越光滑的纸张吸水性越差，越不适合表现水彩画（图6-3）。

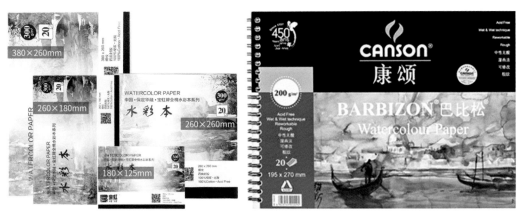

图6-3　各种水彩纸

6.2.4 其他工具

在水彩画绘制过程中，还需要准备工具箱、调色盒、调色盘、小喷壶、海绵、毛巾、洗笔筒等工具。为了达到更好的画面效果，还需准备记号笔、叶筋笔、留白胶、水胶带、涂改液、卷笔帘等工具（图6-4）。

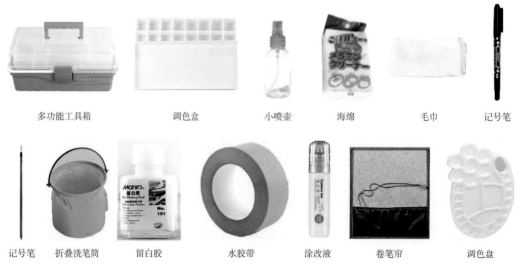

| 多功能工具箱 | 调色盒 | 小喷壶 | 海绵 | 毛巾 | 记号笔 |

| 记号笔 | 折叠洗笔筒 | 留白胶 | 水胶带 | 涂改液 | 卷笔帘 | 调色盘 |

图6-4　水彩画表现所需的其他工具

6.3　建筑水彩画表现技巧

将色相环上的"三原色"，即红、黄、蓝，以等量的比例混合，会变成黑色，其余两两相加就会生成第三种颜色。这种颜色理论对于水彩调色也是适用的（图6-5）。

调色时混合的颜色种类越多，调出来的色彩就会越偏灰或偏黑。五种或五种以上颜色混合后，不会使色彩变得丰富，只会降低色彩的纯度，最终呈现的色彩会偏黑灰。一般不超过四种颜色就能精准调出所需要的颜色。经验丰富的画家常常利用简单的几种颜色，便能达到丰富多彩的视觉效果（图6-6）。建筑水彩效果图色彩轻快透明、水分充沛，画面简单概括，寥寥几笔便能使画面意境显现出来，给人带来美的艺术享受与视觉印象。

水彩渲染是一种传统的表现技法，有一定的难度，在建筑效果图表现上主要依靠"渲"与"染"两种手法表现建筑的空间环境。对于初学者而言，掌握水彩渲染图的一些特性是非常必要的。

（1）把控水分。水是水彩画的首要特性，对水分的把控至关重要，需要通过融水的多少控制画面的色泽（图6-7）。

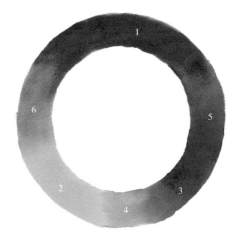

1：红　2：黄　3：蓝　4：黄＋蓝＝绿
5：红＋蓝＝紫　6：红＋黄＝橙

图6-5　水彩的色相环

绿色和红色融合　　橙色和蓝色融合　　黄色和紫色融合

图6-6　水彩颜色之间的融合

图6-7　融水控制色泽

（2）透明性。水彩渲染与其他颜料相比最突出的特征是具有透明性，画面当中的亮部或高光部分需预先留白，或使用水彩专用的高光笔。在绘制过程中画面效果受颜色、水分、时间等因素的影响较大，在下笔之前必须做出准确的判断，不宜反复修改。若修改次数过多会缺乏透气感，也就失去了水彩画的优势，并且会导致画面脏乱、色彩晦暗（图6-8）。

（3）覆盖力弱。水彩具有透明性，因此覆盖力较弱，如果铺错颜色也可以进行修改，如浅色铺成了深色，或原本应该留白的地方铺上了颜色，可以用水清洗或用干纸巾迅速擦拭（图6-9）。

（4）渲染效果。水彩渲染是在作画过程中用水溶解水彩颜料所呈现的状态，或用水彩笔将溶解于水中的透明颜色刷涂在纸上，进一步渗化、重叠而形成的图像，这种色彩表现形式自然、生动、流畅（图6-10）。

图6-8 水彩的透明性

图6-9 水彩的覆盖性

图 6-10　水彩的渲染

6.4　水彩渲染的基本技法及步骤

6.4.1　水彩渲染的基本方法

　　水彩渲染基本技法有平涂法、退晕法、叠加法、缝合法、不透明画法等，其中平涂法、退晕法、叠加法属于湿画法，缝合法、不透明画法属于干画法。

（1）平涂法

　　平涂法是指直接用笔将调好色的水彩颜料均匀地刷涂在画面上，在这个过程中没有色彩及深浅的变化。这是水彩渲染中最常用的技法，易于掌握。这种画法的特点是色彩明快，画面均匀、简洁、规范，描绘对象的轮廓表达清晰。平涂法中不同色块之间有明确的界线，适用于表达色彩对比、明暗对比强烈的建筑场景。

　　平涂法用笔要轻、稳，移动速度保持均匀。不同色彩相互衔接时，需考虑统一和谐，否则画面会显得"花""乱"，影响整个画面效果（图6-11）。

图 6-11　水彩的平涂法

（2）退晕法

　　退晕法是建筑效果图表现中经常使用的水彩表现技法，分为单色退晕渲染和复色退晕渲染。

　　单色退晕渲染相对简单，主要是色彩的深浅变化，可以由深至浅变化，也可由浅至深变化，依靠水分进行色彩深浅的调节。

复色退晕渲染是由一种颜色逐渐变化过渡至另一种颜色。可以预先调好两种颜色，如红色与蓝色的退晕，先用红色进行渲染，然后在红色中逐渐加入蓝色，色彩会慢慢变成紫色，随着蓝色增多和红色减少，最终呈现为蓝色，完成复色退晕。在复色退晕中，需要注意的是当加入另一种颜色以后，由于水分、颜料多少等因素，容易出现变脏的现象。

水彩退晕渲染常用于表达受光程度不均的平面或曲面的光影变化，如天空、水面、地面、建筑墙面和屋顶等（图6-12）。

图6-12　水彩的退晕法

（3）叠加法

叠加法是充分利用水彩透明性这一特点，并结合水彩画的"水"的特性，让画面色彩柔和润泽，富于变化，达到浑然一体的效果。具体的方法是将一种颜料罩在另一种颜料之上，使画面层次更加丰富，色彩更加饱满、富有变化。色彩罩染的层数越多，颜色也会越来越深，三四种颜色罩染叠加能产生四到八种新的色彩，水彩罩染的过程是不断反复、逐步叠加的过程，画面中最后呈现的色彩往往是由若干种颜色叠加罩染形成的。

叠加法需要注意以下两点：一是画面色彩容易调和，但也容易变灰；二是叠加的颜色越薄，透明度越高，贴合性也越好。使用叠加法时，应该按照先浅后深的顺序层层着色。

叠加法可以与退晕法结合使用，这样可以确保退晕色彩变化均匀，与一般的复色退晕渲染相比，叠加退晕色彩变化更均匀、更自然（图6-13）。

图6-13　水彩的叠加退晕法

（4）缝合法

缝合法属于干画法，也叫并置法，俄罗斯有很多水彩画家经常使用这种方法作画，其技法与油画技法接近。

缝合法是采用色块并列的方式来描绘对象，即色块间的色彩是独立的关系，相互之间不会相互渗透和渲染。等一个色块干后再并列拼接另一色块，若颜色未干拼接另一色块时，需留出一条细缝，防止颜料间相互渗透，影响画面的效果。当然也有些画家为了追求别样的、特殊的艺术效果，喜欢在色块未干时并置另一种颜色。

17世纪的著名画家伦勃朗、法国浪漫主义大师德拉克洛瓦等的水彩作品就多采用缝合法。这种画法不易修改，各色块间的过渡、连接处若处理不当会显得画面生硬（图6-14）。

图6-14 水彩的缝合法

（5）不透明画法

水彩的不透明画法常常采用"点笔"的方法实现。"点笔"是一种笔触形式，用笔的侧峰与纸形成点状的笔触，"点笔"的各笔触间留下的空隙也能形成独具特色的效果。主要特征是用水量较少，有较强的覆盖力，可以反复精细地刻画，画面的最终效果犹如油画般沉稳、厚重。

需要注意的是，不同于湿画法在调色盘上调色，不透明画法是直接利用画笔在纸上调色，并借助少量水分来扩散融合（图6-15）。

图6-15 水彩的不透明画法

6.4.2　水彩渲染的步骤

（1）第一阶段

划分区域。划分区域也可简单理解为分面。在建筑画水彩表现图中，首先将建筑物跟背景区分开，绘画时具体操作如下：一是铺建筑物底色，一般建筑物在阳光照耀下呈现暖色调，可以优先选择淡暖色对画面进行整体平涂，这样后期画面会有和谐统一的效果；二是铺天空背景色，为了更好地将建筑物跟背景分开，背景天空可采用深蓝色或浅蓝色与建筑物拉开距离，着色时可运用退晕法或平涂法达到理想效果；三是区分小面，这一步以分出画面前后空间关系为主，并初步表达物体的固有色，画面的光影关系，并留出高光，以便分块进行渲染。

（2）第二阶段

绘制投影。画面投影的绘制能更好地表达光影关系，增加画面的真实感。绘制投影时可以运用色彩的冷暖对比关系以退晕的方式表现，使投影与主体建筑形成鲜明对比，从而达到更加真实的画面效果。在绘制投影的时候可以把握以下要点：一是充分发挥水彩的水溶性与透明性的特点，并结合实际适当表现投影的层次感及与周围环境色的关系，并注意整体感；二是在绘制大面积的投影时，切记颜色不可太深，可以适当淡些，而绘制小面积投影可以适当加深。

（3）第三阶段

刻画细节。这一阶段以表达物体材质、表现物体质感为主要任务，充分抓住材料的特征与属性进行刻画，细节越深入，画面越容易打动人。

（4）第四阶段

绘制配景。水彩建筑画中的配景主要有人物、车辆、树木等，配景的绘制可以增强画面的场所感及氛围感。在绘制过程中也要区分主次、有虚有实，有深入刻画的也有一笔带过的，切记不可面面俱到，以免喧宾夺主，破坏画面的整体效果。

案例一：现代建筑（图6-16）

步骤1：勾勒线稿，用退晕法绘制背景天空以及远处的树木，增强画面层次变化。注意天空中的留白，为后期勾画云彩做准备。

步骤2：刻画建筑主体。根据建筑的固有色彩及光影变化为建筑主体着色。

步骤3：待建筑主体的着色干后再勾勒建筑轮廓，刻画细节，重点刻画暗部。用深灰色描绘近景树木。

步骤4：最后用明快的色彩完成周围配景，并刻画更多细节，整理画面，最终完成建筑水彩效果图绘制。

步骤1

步骤2

步骤3

步骤4

图6-16　现代建筑水彩渲染步骤

案例二：城市鸟瞰（图6-17）

步骤1：描绘整体规划与建筑设计构想的铅笔稿，注意建筑近景与远景的关系。

步骤2：给绿地、植物、江面铺第一遍颜色，区分整体画面的冷暖关系。

步骤3：刻画建筑的明暗关系，加重画面近景物体的阴影关系，刻画植物。

步骤4：进一步描绘中景、远景的建筑物和植被，最后调整整体画面的色彩关系，使空间更显宏大。

步骤1

步骤2

步骤3

步骤4

图6-17 城市鸟瞰水彩渲染步骤

案例三：武汉东湖樱花园（图6-18）

步骤1：先用湿画法渲染湖面。

步骤2：绘制天空，给主体配景上一遍颜色。

步骤3：多次叠加颜色，刻画植物细节，描绘湖面倒影。

步骤4：刻画主体建筑物，增加水中细节描绘。

步骤5：最后勾画前景树枝，完成武汉东湖樱花园一景。

步骤1   步骤2

图6-18

步骤3 步骤4 步骤5

图6-18 武汉东湖樱花园水彩渲染步骤

6.5 水彩作品赏析（图6-19~图6-41）

图6-19 基日岛乡村木教堂

图6-20 海港停靠待检修的船只

图6-21　圣彼得堡海军教
堂雪景

图6-22　莫斯科大街旁边
的教堂

图6-23　雨后阴天圣彼得
堡街景

图6-24 圣彼得堡屋顶系列（1）

图6-25 圣彼得堡屋顶系列（2）

图6-26 圣彼得堡屋顶系列（3）

图6-27　圣彼得堡圣伊萨广场

图6-28　基日岛木教堂

图6-29　北方水上威尼斯圣彼得堡的河面

图6-30 阿尔汉格尔斯乡
村木教堂

图6-31 艾尔米塔什博物
馆大理石柱厅

图6-32 艾尔米塔什博物
馆石膏人体博物馆

图6-33 艾尔米塔什博物
馆走廊一景

图6-34　艾尔米塔什博物馆约旦阶梯

图6-35　冬宫博物馆室内一景

图6-36　故乡梯田

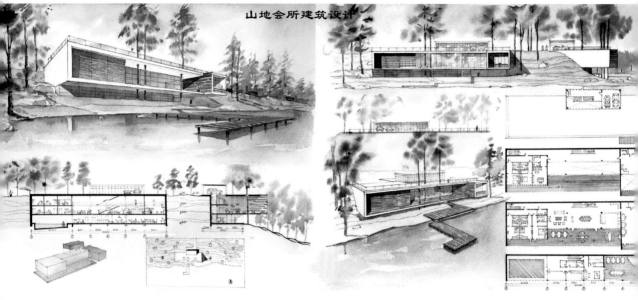

图 6-37　山地会所设计

图 6-38　树下茶棚

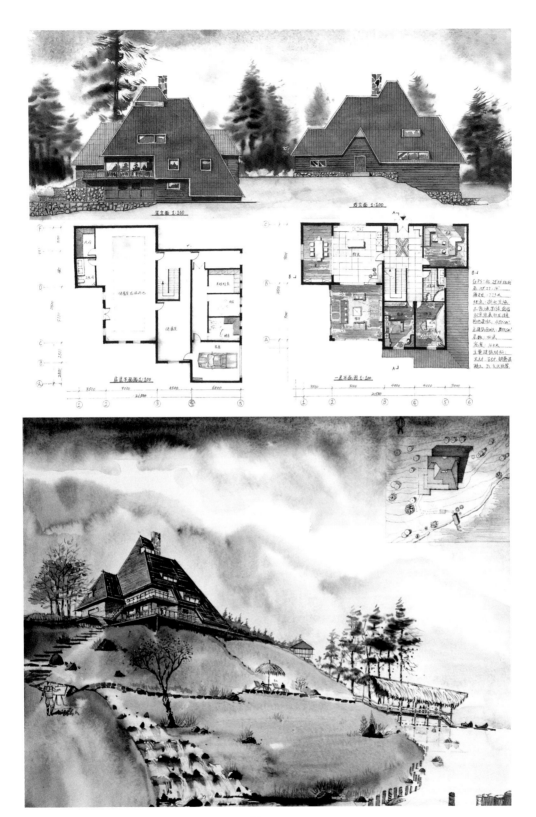

图 6-39

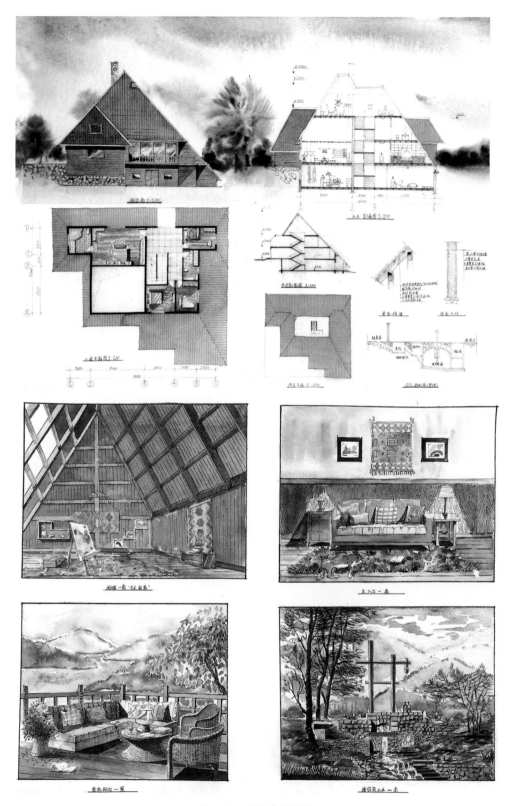

图6-39　山地会所设计

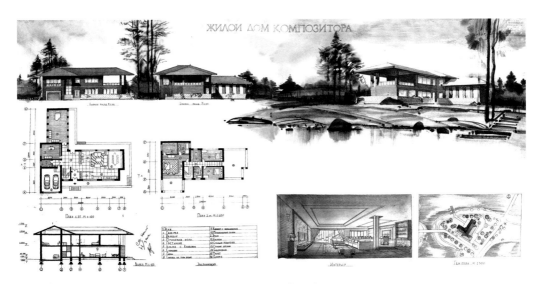

图6-40 方案设计

图6-41 传统中式亭
子设计

6.6 钢笔淡彩

6.6.1 钢笔淡彩概述

钢笔淡彩是建筑画中较为常用的表现手法，是集钢笔线条和水彩渲染于一体的表现方法。传统的钢笔淡彩画法是用钢笔勾勒出轮廓，然后用水彩颜料进行上色，如今钢笔淡彩的范围已经被拓展，"彩"可以是彩铅、水粉、马克笔、油画棒等，只要是能在钢笔线条的底稿上和谐地运用丰富、微妙的色彩来表现物体的立体感、空间层次感，能充分营造画面氛围的方式，都可以大胆尝试。

本书选取水彩着重讲述。线稿以钢笔线条来概括建筑的外轮廓、形状结构、透视等，然后通过水彩来塑造形体的体量关系、表面质感、光影变化、空间层次等，以加强画面的表现力和艺术感染力。

作图步骤以先画线稿后上色为宜，这样可以更好地发挥水彩的特性。上色时，根据水彩画的表现技法，不论色泽深浅，都应水色饱和。

案例一（图6-42）

步骤1：用钢笔描绘出建筑整体的轮廓线，注意比例关系和透视关系，不画建筑的阴影与投影。

步骤2：用水彩描绘建筑的暗部，以及有阴影和投影的地方。

步骤3：刻画建筑的固有色以及环境色对建筑的影响，淡淡地刻画背景的植物。

步骤4：进一步刻画天空、光影以及近景的人物。

步骤1   步骤2

步骤3

步骤4

图6-42　案例一作图步骤

案例二（图6-43）

步骤1：用钢笔描绘出建筑整体的轮廓线，注意比例关系和透视关系，对建筑的暗部进行压色。

步骤2：从主体物开始上色，以暖色调为主，表现出阳光散落在建筑上的感觉。

步骤3：进一步刻画建筑的暗部，以冷色调为主，冷暖对比拉开空间关系。

步骤4：刻画天空与地面，进一步涂色降低画面色彩的饱和度，协调画面的整体关系。

步骤1

步骤2

步骤3

步骤4

图6-43　案例二作图步骤

6.6.2　钢笔淡彩中的色彩统一与变化

通过钢笔线条及水彩颜料的特定表现技巧，可以表达出明快、轻松、高雅的画面效果。钢笔淡彩与其他画种对色彩的运用原理是一致的，既追求丰富多彩，又要满足和谐统一，在统一中寻求变化，以达到丰富的艺术效果。

画面若过于追求统一，缺少变化与对比，会给人单调的感觉。描绘空间的关键是营造画面中的对比与各种层次关系，缺少对比的画面会显得呆板。因此，在追求画面色彩统一的同时，还需考虑对比关系。

（1）色相对比

如果画面中的色相过于接近，就容易变成"单色画"。因此，画面中应存在不同色相的颜色，使色彩相得益彰（图6-44）。

（2）明度对比

指色彩的明暗对比或称黑白灰对比。画面如果出现色彩灰而沉闷，显得平淡时，可在明度上找原因。可加深或提亮某些色彩，使画面色彩的明暗差距拉开。加强明度对比，可产生强烈的视觉冲击力，也是增强画面空间感的有效方法（图6-45）。

（3）纯度对比

指色彩饱和度之间的对比。画面中，往往是主要物体或前景物体的色彩的纯度高，次要或远处的物体纯度低，以拉开主次和空间的层次关系（图6-46）。

（4）冷暖对比

画面形体的空间关系有时要靠色彩的冷暖对比来实现，一般是亮部冷、暗部暖，或远处冷、近处暖。画面的冷暖色调因景而异，或因时间、季节的变化产生不同，也可根据绘图者对物体的理解和感受来确定色调，从而加强观者的视觉印象（图6-47）。

图6-44　天空与主题建筑的色相对比

图6-45　明度对比

图6-46　纯度对比

6-47　冷暖对比

6.6.3 钢笔淡彩作品欣赏（图6-48~图6-52）

图6-48 宣恩彭家寨

图6-49 古村落写生

图6-50 侗族现代风雨桥

图 6-51　流水别墅

图6-52　古德寺

思考与练习

　　本章重点讲述建筑水彩的表现技巧，并分步骤详解建筑水彩画写生过程，通过实例分析取景、构图、色彩表达、虚实关系及画面冷暖处理等。为巩固所学知识，完成以下练习。

　　①完成一张A3图幅的建筑水彩画临摹。

　　②完成一张A3图幅的建筑水彩画写生。

第七章

建筑设计
创意与构想

7.1　建筑设计中的创造性思维

思维是人类与客观事物沟通和认识的桥梁，也是人类区别于动、植物等其他物种的重要特征。创造性思维是人类认识事物的特殊过程，除具有普通思维的特征外，还具有独创性的特征，能够突破已知的定式结论或已有的认知水平，运用新的理论去创建新的观点，进行多层面地辩证思考，打破传统思想的界定，突破专业领域学术权威的影响，因此有人把创造性思维称为"求异思维"。

创造性思维具有突发性和跳跃性的特点，常表现为灵感的顿悟，这种灵感的顿悟不是偶然的，而是在长期的"量"的基础之上实现"质"的飞跃，是结合幻想能力和构思逻辑能力后迸发出的思考结论。由此可见，创造性思维的本质就是广博知识、深度情感与设计精神的多重结合，通过理性的探索与实践激发思考的过程。

本章主要讨论建筑设计中的创造性思维，设计中经常能听到"灵感""创意""构想""创造""创新"等都离不开与创造性思维。产生创造性思维的方法有很多种，下面总结和分析几种常见的方法。

①重新叠加。"事"与"物"分解后重新划分，改变原有的排列次序并组合，而不是笼统的叠加，然后把关系密切的问题进行归纳研究。

②嫁接移用。把现有的事物或者概念嫁接（移植）到另一个待研究的事物和概念中，使分析和研究的事物转变乃至升级。

③增加递进。对现存的现象和物象进行系统分析，发现存在有未被研发或者利用的环节和局部，对这些问题作针对性的研究，从而创造出新理论和新产品。

④逆向分析。把理论关系或现象关系本身的属性秩序反向排列，例如前后关系、上下关系、大小关系、软硬关系等，从而形成新的概念和事物。

⑤变换属性。通过更改现存事物本身的一个或者若干个属性，例如结构、质地、颜色、气味、硬度、形成时间、生长速度等形成新产品。

⑥集中组合。将概念或者产品进行综合分析整理，组合形成新的概念或产品。

建筑设计是一项系统工程，不仅要求建筑师具备绘图能力和极强的专业素养，精通设计原理与建筑构造，掌握建筑材料的特性，了解各地的建筑法规，还要求建筑师具有创造性思维。

7.2　建筑设计中的方案构思

建筑设计方案的呈现，是从方案草图、意向草图再到方案表达的不断推敲、修改、完善的过程。

（1）方案草图

　　设计初期的方案草图是从无到有的设计思考过程。草图可理解为创作者对设计对象最初印象的概括。图案、形体、空间、组合，甚至场地氛围都需要通过可视化图像进行表达，方案草图是呈现设计意图最为快捷、方便的方式。

　　建筑草图是用简单工具以概括的形式表达建筑物象，在体现建筑师的意象思维时，草图比其他表现方式更具表达优势。弗兰克·盖里设计毕尔巴鄂的古根汉姆博物馆时，草图上绽放的花朵奠定了整个博物馆的设计思路；约恩·伍重草图上的几个"贝壳"意象，打动了埃罗·沙里宁，最终成就了悉尼歌剧院；图7-1展示的是丹尼尔·里伯斯金的纽约世贸中心重建概念性草图。建筑方案设计草图按构思阶段可划分为概念性草图和推敲性草图。

图7-1　纽约世贸中心重建概念性草图

　　概念性草图是设计师对设计意象的概念性表达，是根据已知条件而获得的灵感，即对方案的第一反应。概念性草图往往是极其概念的，看似不成熟，其中却蕴含无数的可能。很多出色的建筑设计方案往往都是从一些看似荒诞不经的想法发展而来的。在绘制概念性草图的时候，不必受客观条件的过多限制，不必深入探究细节与局部的构造，也不必过早地否决方案，需充分发挥想象。

　　完成概念草图后，需进一步结合设计任务书，按任务书要求的建筑面积按比例裁剪出来，再按要求排列组合，推敲建筑布局，完善和改动概念性草图。这是一个理性分析的过程，是构思方案的过程，是协调创新思维和现有条件及建筑任务要求的过程。

选定基本方案后，根据概念性草图可以推敲出大致的平、立、剖面及局部各种形态特征。这个阶段的草图称为推敲性草图，也可以称为方案构思。建筑方案构思的方法很多样化，归纳起来可以分为两大类型。一类是从形式出发，让功能融入其中；另一种是从功能出发，当功能达到很好的效果时，形式自然而然就生成了。在设计过程中这两种思维往往交织在一起，互相推动，思维的分析图有利于厘清思路、推敲设计、构思方案（图7-2、图7-3）。

设计者最原始的思考、取舍、修改的过程通过草图的形式记录下来，从这个意义上看，草图不仅仅是"图"，也是体现设计者创新思维的过程。

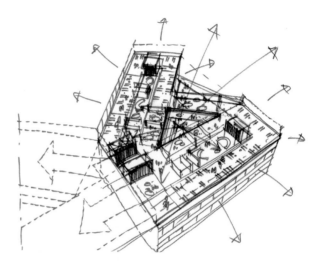

图7-2　创意思维设计手绘表达

（2）意向草图

意向草图是一个从模糊到清晰的设计发展过程（图7-4）。设计之初，思维在图纸上表现为看似杂乱无章的线条或图形，而后通过一张又一张的草图更新和梳理，最终得到一个线条清晰、图形明确的设计方案。在这一过程中，由于每个问题具有多解性以及设计者具有主观性，所以在设计之初并不清楚设计结果是怎样的，每一个进展和突破都存在着极大的偶然性和随机性。对于初学者或不熟练的设计人员来说，这一设计过程似乎不可重复，无法复制。但细心回顾每一个成功

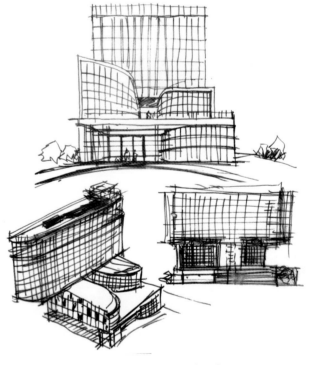

图7-3　构思方案设计手绘表达

的设计过程，就可以总结出意向草图设计过程的规律性和控制过程发展的重要机制。

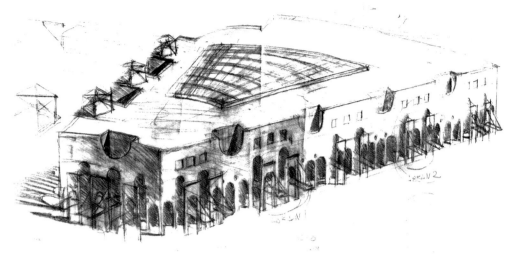

图7-4　圣彼得堡设计博物馆意向草图

（3）方案表达

　　方案前期一般需要绘制场地分析图、功能泡泡图等，是设计者自己与自己沟通的过程。在不断推敲的过程中，会发现诸多问题，甚至产生崭新的想法，这一阶段需要设计者将各阶段草图图纸加以对比和推敲，进一步选择和优化设计构思。

　　绘画有"纯绘画"或"纯艺术"，设计却没有"纯设计"，设计需要为大众服务。建筑设计有很多限制，要分析问题、解决问题。前面提到的两种设计草图是分析和解决问题过程中的产物，是在记录思维过程中快速绘制的图，具有快速、活泼、简练、概括的特点。

　　在设计的最初阶段，图纸表达可简可繁，只要体现设计构思就可以了，而后在草图的基础上逐步完善设计，最终完成完整的设计表现图，得到最终的设计方案。建筑设计的最终方案就是经过一系列的方案草图、意向草图后得出的设计成果，以图纸的形式做最终的方案表达（图7-5）。

图7-5　飞行俱乐部方案表达

7.3 建筑构想画的训练方式

学习建筑构想画（或建筑幻想画）主要目的是锻炼设计者的方案构思能力和设计表达能力。首先要做到"敢思敢想"，打破已有的固定思维，充分发挥想象力，不受客观条件制约；其次要能将"所思所想"通过手绘的形式表达出来，这就需要不断的练习。

7.3.1 分阶段练习

为了提高建筑构想画的设计及表达的能力，下面分步骤讲解这种思维训练方式和图面表达方法。

（1）阶段一：分析主题

对题目定义的理解与分析，直接影响建筑构想画创作的内容，也决定了创作内容的主次。首先找一些主题或者假设一些主题，题目的设定可以随意，例如《光》《天空之城》《别有洞天》《树屋之上》《湖底》《未来绿色建筑》《废墟城市》《飞行建筑》等。

以《光》为例，当拿到主题时，不要急于画，先围绕主题展开想象，分析理解《光》，感受《光》，并思考如何表现《光》。

（2）阶段二：快速构想

经过阶段一的分析后，脑海里已有了大致的构想，这时需要快速地将想法以图的形式输出，像勾勒设计草图一样，多尝试几种构思，对比分析哪个最好，加以选择并不断修改完善（图7-6、图7-7）。

图7-6　透过图书馆落下来的光线　　　　图7-7　海边灯塔照射的光线

（3）阶段三：手绘表现

经过阶段一、阶段二的分析与构想后，结合对画面的理解及画面内容的组合形式选择合适的技法和工具将画面通过手绘表现出来，确定画面构图，逐步完成设计。画面内容是设计者的主观思维体现，但内容的表现则存在较客观的评价标准，可选择擅长的表达方式及表现技法。

对于建筑构想画画面的表达需注意以下几个重点：①表达内容切合主题；②画面构图的完整性；③画面表达的完整性，表现手法与技法不限。

7.3.2　建筑构想画的表现特点

建筑构想画的练习是一种表现形式的探索，也是一种创造性思维的训练，其表现特点是不确定的、丰富多彩的、自由发挥的。因此在建筑构想画的表现内容、表达方式、表现技法等方面不需要做过多的限制，其特点如下。

①表现内容不限，可以是现实中存在的，也可以是现实中不存在，异想天开的，或者多种形式、场景结合拼贴的。

②表达方式可以是抽象性的，也可以是具象性的，是将平时学习与长时间积累的内容在创作中再现并加以运用，也是创造性思维与想象力的表达。

③表现技法不限，铅笔、钢笔、水彩、照片拼贴等方式均可。如表现光，可以画光影投影，把建筑的光影画得十分细致深入，耗时数小时；也可以花十分钟的时间在黑纸上象征性地点几个白点表示光源或者窗户。只要切合主题，一切皆可。

这种训练既考验设计者的手绘能力，也考验其快速创造构想的反应能力。

7.3.3　建筑构想画的目的

建筑画作为一种绘画艺术，以艺术观赏为目的，注重表现建筑与环境美，体现建筑艺术所能表达的某种抽象的情感，创造与之相适应的氛围，从而给人以美的感受。画面应具有独特的艺术效果，有创新，有感染力，能打动人，给人以深刻的印象。这是建筑画创作追求的根本目的。

为了把建筑构想最大可能变成现实，需要创造一个细节丰富的结构。试图让每个人都看到未来城市的宏伟场景，未来建筑的技术结构细节，感受到砖石的巨大，玻璃的透明度，甚至听到风琴和海浪发出的声音。当人们看到这些建筑构想的设计绘画作品时，精神上能够进入建筑师所创造的建筑构想世界。

7.4 以建筑构想为主题的手绘表达

（1）主题一：古代乌托邦建筑的重构与再现

人类自古以来就有对乌托邦建筑的幻想，如文艺复兴时期对理想城的描述、16世纪所绘的巴比伦通天塔等。乌托邦建筑是对理想社会的塑造，象征着人类对完美、和谐社会环境的追求。古代乌托邦建筑设计往往表达人类对无限可能的向往，这种向往在当今科技不断发展的背景下，可以通过全新的形式得以实现。新时代的设计师可以展开想象的翅膀，摆脱时间和空间的限制，在画布上实现现代的先进建造技术和宏伟的建筑秩序。

建筑师以其丰富的想象力重构史前建筑。例如，俄罗斯建筑师亚瑟·斯基扎利·魏斯（Artur Skizhali-Veys，1963—2022）构想了一系列史前建筑，创造性地重构了复活节岛上的神秘石头巨人像（图7-8），并描绘了史前部落家园中的生活场景，犹如一个梦幻般的原始世界（图7-9~图7-11）。

在亚瑟·斯基扎利·魏斯的构想中，不同类型的空间协调组合，形成了各种形态的百层摩天大楼，包括螺旋形和曲线贝壳状的建筑，充满了矛盾和不确定性（如图7-12）。这种对古代乌托邦建筑的重新构思和再现，不仅表现了建筑师的创新思维，也体现了人们对过去的怀念和对未来的憧憬。这不仅提供了一种全新的视角来审视历史，同时也为未来的建筑设计提供了新的灵感来源。

图7-8　巨大的石头部落

图7-9　史前部落建筑与生活

图7-10　飞行猎人住宅

图7-11　原始悬挂巢居

图7-12　凯旋门建筑

（2）主题二：建筑智能化

　　建筑智能化是指在建筑设计、施工和运维过程中，应用各种现代化技术和设备，把建筑的各个子系统（如环境控制、安全保障、照明控制等）集成在一起，使得建筑能够自动化进行操作和管理（如图7-13、图7-14）。

图7-13　未来智能建筑

图7-14　未来智能机械城市（作者：郑昌辉）

智能建筑可以利用各种传感器和设备来监测、控制和优化建筑内的环境。例如温度、湿度、光照等环境因素可以自动调节，以提高舒适度和能源效率。同时，通过对建筑能源使用的实时监控和管理，可以有效地减少能源浪费。

此外，随着人工智能和机器学习技术的发展，智能建筑的能力也在不断提高。例如，通过机器学习算法，智能建筑可以根据用户的行为和偏好，自动调整环境设置。

随着科技的发展，期待有更多的创新构想被应用到智能建筑中，使其更加智能化、个性化和人性化。

（3）主题三：资源节约型建筑

资源是有限的，资源匮乏是人类面临的严峻问题。未来需要寻找新的生态清洁的能源，解决城市和建筑能耗的问题。太阳能具有清洁、可再生、分布广以及不受地域限制等优势，建筑一体化分布式太阳能光伏系统已得到广泛应用；风能和光伏都以电能输出。如何获得大量、可靠的可再生能源，如何尽可能降低建筑能耗，将成为未来建筑面临的挑战。

资源节约型建筑的设计不仅是建筑技术措施的综合应用，更是建筑空间系统方法的建立。德国汉堡的BIO House项目，生物反应器外墙为整个建筑结构提供动力，使其成为世界上第一个以藻类为动力的、在理论上完全自给自足的建筑；奥地利的太阳塔，采用技术策略，利用太阳的力量收获热能射线，随后将热能进行分布控制，并在塔内实现能源再生。

亚历山大·克雷洛夫在其绘画作品中大胆想象，未来社会的基本单位是由几个家庭联合起来的公社工队，他们居住在可移动的住宅中，在沿海地区迁徙，并为社会提供专业服务（图7-15）。建筑通过一系列策略实现能源上的自给自足：利用电池板收集太阳能乃至水面反射的光线；风力发电机不仅可以发电，还可以通过水轮驱动住宅移动；建筑采用球体造型以减小体形系数，从而减少热量损失。通过利用可再生能源和最大限度地减少能量损失，以实现可持续性。

（4）主题四：垂直城市

垂直城市是一种创新的设计理念，通过在垂直方向上建造高密度的大型建筑来扩展城市空间，以应对人口增长和土地短缺等城市问题。

垂直城市的核心思想是将城市的空间维度向上扩展，创造出多层次、多功能的建筑结构。这些建筑通常通过垂直街道和运输动脉连接起来。人们可以通过电梯、自动扶梯等垂直交通工具到达不同楼层（图7-16、图7-17）。

在未来的垂直城市中，空中交通也将得到发展（图7-18）。空中汽车和现代化的飞艇等新型交通工具将填补城市空中交通的空白，提供高效的交通服务。空中交通可能会呈现交叉和立体的形式。城市交通系统将通过空中通信系统进行导航和交通管理，确保安全和高效的运输。

　　总的来说，垂直城市是一种有潜力应对未来城市发展的解决方案。通过合理规划和设计，垂直城市可以提供更多的居住和工作空间，改善城市环境，并促进城市的可持续发展。

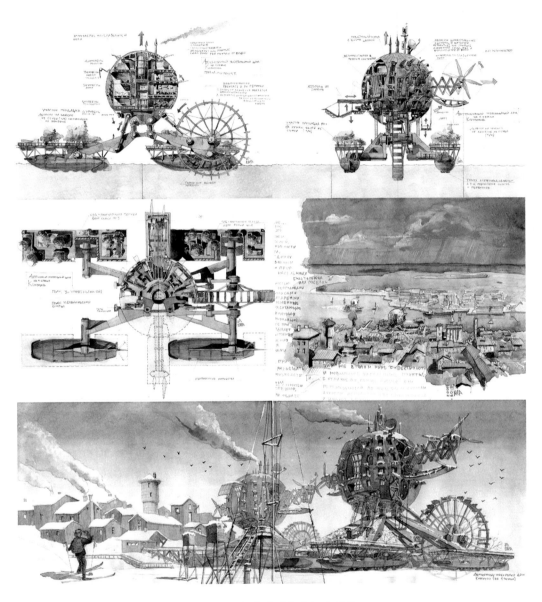

图7-15　绿色能源住宅概念设计

图7-16　未来的垂直卫星城市

图7-17　未来城市的垂直建筑

图7-18　建筑之间的并联与串联

（5）主题五：海洋城市

由于全球变暖，洪水、海啸、飓风等自然灾害时有发生，气候变化将导致海平面上升，人们从低洼的沿海区域向高地城市大规模迁移。此外，人们意识到海洋也能为人类提供生存场所，已有不少设计师把目光投向广阔的大海。

俄罗斯建筑师亚瑟·斯基扎利·魏斯设想了各种"水上城市"和"人工群岛"的项目（如图7-19~图7-21）。巨大的海上住宅平台系统自给自足，可以抵御洪水、海啸和飓风。这种住宅体系将随着时间的推移不断发展、完善、变换和适应，并且可以无限扩展。

海平面上的城市不仅包括住宅的建设，还要考虑海上公园的建设，以及建造免受气候影响的巨型温室用于农业生产，为居民提供可再生能源和农作物，交通出行则依靠小型智能水陆两栖汽车。

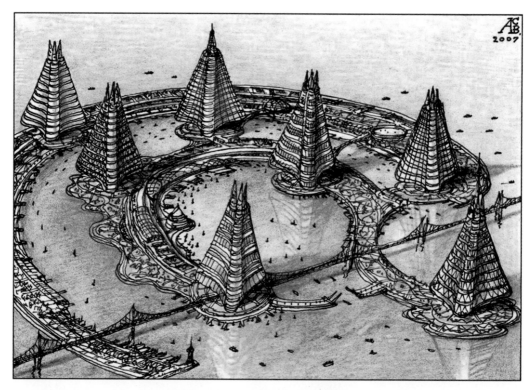

图7-19　水面上的建筑结构体系

图7-20　行走的两栖房子

图7-21　水上城市

思考与练习

　　学习建筑手绘的最终目的是为设计服务，能将所思所想快速地以图画形式输出，进而更好的捕捉设计灵感，本章重点讲述建筑创意与构想，是前面章节的总结与升华。

　　为锻炼学生的创新能力，要求学生自行选择一个设计主题，完成建筑设计构想。要求不限，图幅不限，表达方式不限。